U0262703

流域区域水污染治理模式与技术路线图丛书

流域水污染治理市场机制与共享经济模式

赵　芳　赫晓霞　编著

科 学 出 版 社

北　京

内 容 简 介

本书针对我国开展流域水污染治理过程中面临的设施建设和运行资金不足、专业运维机制缺乏，以及后续监管力量薄弱等问题，通过文献研究和实地调研，全面梳理总结国家水专项在市场机制方面的研究成果、国外水污染治理市场机制的相关经验，研究提出重点湖泊、河流、城市区域水污染治理的多元化市场机制和长效运营保障机制、共享经济模式在流域水污染治理领域的应用建议，为流域水污染治理长效稳定运营提供管理技术支持和决策参考。

本书可供流域水环境治理相关科研机构与管理部门的研究与工作人员参考。

图书在版编目（CIP）数据

流域水污染治理市场机制与共享经济模式 / 赵芳，赫晓霞编著. —北京：科学出版社，2023.5

（流域区域水污染治理模式与技术路线图丛书）

ISBN 978-7-03-075379-3

Ⅰ. ①流…　Ⅱ. ①赵…　②赫…　Ⅲ. ①流域-水污染防治-研究-中国　Ⅳ. ①X52

中国国家版本馆 CIP 数据核字（2023）第 062522 号

责任编辑：郭允允　李嘉佳/ 责任校对：樊雅琼

责任印制：吴兆东 / 封面设计：无极书装

科学出版社 出版

北京东黄城根北街 16 号

邮政编码：100717

http：//www.sciencep.com

北京建宏印刷有限公司 印刷

科学出版社发行　各地新华书店经销

*

2023 年 5 月第　一　版　开本：787×1092　1/16

2023 年 5 月第 一 次印刷　印张：13

字数：305 000

定价：158.00 元

（如有印装质量问题，我社负责调换）

丛书编委会

丛 书 序

我国自 20 世纪 80 年代开始，伴随着经济社会快速发展，水污染和水生态破坏等问题日益凸显。大规模工业化、城镇化和农业现代化发展，导致水污染呈现出结构性、区域性、复合性、压缩性和流域性特征，制约了我国经济社会的可持续发展，人民群众生产生活和健康面临重大风险。如果不抓紧扭转水污染和生态环境恶化趋势，必将付出极其沉重的代价。为此，自“九五”以来，国家将三河（淮河、海河、辽河）、三湖（太湖、巢湖、滇池）等列为重点流域，持续开展水污染防治工作。从“十一五”开始，党中央、国务院更是高瞻远瞩，作出了科技先行的英明决策和重大战略部署，审时度势启动实施水体污染控制与治理科技重大专项（简称水专项）。国家水专项实施以来，针对流域水污染防治和饮用水安全保障的瓶颈技术难题，开展科技攻关和工程示范，突破一批关键技术，建设一批示范工程，支撑重点流域水污染防治和水环境质量改善，构建流域水污染治理、流域水环境管理和饮用水安全保障三个技术体系，显著提升了我国流域水污染治理体系和治理能力现代化水平。为全面推动水污染防治，保障国家水安全，支撑全面建成小康社会目标实现，国务院于 2015 年发布《水污染防治行动计划》（简称“水十条”），加快推进水污染防治和水环境质量改善。

流域是包含某水系并由分水界或其他人为、非人为界线将其圈闭起来的相对完整、独立的区域，是人类活动与自然资源、生态环境之间相互联系、相互作用、相互制约的整体。我国主要河流流域包括松花江、辽河、海河、黄河、淮河、长江、珠江、东南诸河、西南诸河及西北内陆河等十大流域。我国湖泊众多，共有 2.48 万多个，按地域可分为东部湖区、东北湖区、蒙新湖区、青藏高原湖区和云贵湖区。统筹流域各要素，实施流域系统治理和综合管理，已经成为国内外生态环境保护工作的共识。水专项的实施充分考虑了流域的整体性和系统性，而在水污染治理和水生态环境保护修复策略上，考虑水体类型、自然地理和气候类型等差异，按照河流、湖泊和城市进行分区分类施策。与国家每五年一期的重点流域水污染防治和水生态环境保护规划相适应，水专项在辽河、淮河、松花江、海河和东江等 5 大河流流域，太湖、巢湖、滇池、三峡库区和洱海等 5 大湖泊流域，以及京津冀等地开展了科技攻关和综合示范，以水专项科技创新成果支撑流域水污染治理和水环境管理，充分体现流域整体设计和分区分类施策，即“一河一策”“一湖一策”“一城一策”，为流域治理和管理工作提供切实可行的技术和方案支撑。随着“十一五”“十二五”水专项的实施，水污染治理共性技术成果和流域区域示范经验越来越丰富，与此同时，国家“水十条”的发布实施，尤其是“十三五”时期打好污染防治攻坚战之“碧水保卫战”，对流域区域水污染治理和水环境质量改善提出了明确的目标要求，各地方对于流域区域水污染系统治理、综合治理的认识越来越深刻。但是由于各流域区域水污染治理基础、经济社会发展水平和科技支撑能力差别较大，迫切需要科学的水污染治理模式、适宜的技术路线图，以及经济合理的治理技术支撑。因此，面向国家重大需求，为更好地完成流域水污染治理技术体系构建，“十三五”期间，水专项在“流域水污染治理与水体修复技术集成与应用”项目中设置了“流域（区域）水污染治理模式与技术路线图”课题（简称路线图课题），旨在支撑流域水污染治理技术体系的构建和完善，研究形成适应不同河流、湖泊和城市水环境特征的流域区域水污染治理模式，以及流域区域和主要污染物控制技术路线图，推动流域水污染治理技术体系的应用，为流域区域治理提供科技支撑。

路线图课题针对流域水污染治理技术体系下不同技术系统的特点，研究分类技术系统的流域区域应用模式。针对流域区域水污染特征和差异化治理需求，研究提出水污染治理分类指导方案和流域区域水污染治理技术路线图。结合水污染治理市场机制和经济模式研究，总结我国流域水污染治理的总体实施模式。路线图课题突破了流域水体污染特征分类判别与主控因子识别、基于流域特征和差异化治理需求的水污染治理技术甄选与适用性评估等技术，提出了河流、湖泊、城市水污染治理分类指导方案、技术路线图和技术政策建议，形成了指导手册，为流域中长期治理提供技术工具。研究提出流域区域水污染治理的总体实施模式，形成太湖、辽河流域有机物和氮磷营养物控制的总体解决技术路线图，为流域区域水污染治理提供技术支撑。路线图课题成果为流域水污染治理技术体系的构建和完善提供了方法学支撑，其中综合考虑技术、环境和经济三要素，创新了水污染治理技术综合评估方法，为城镇生活污染控制、农业面源污染控制与治理、受损水体修复等技术的集成和应用提供了坚实的共性技术方法支持。秉持创新研究与应用实践紧密结合的宗旨，按照水专项“十三五”收官阶段的要求，特别是面向流域水生态环境保护“十四五”规划的重大需求，路线图课题“边研究、边产出、边应用、边支撑、边完善”，为国家层面长江、黄河、松辽、淮河、太湖、滇池等流域和地方“十三五”污染防治工作及“十四五”规划的编制提供了有力的技术支撑，路线图课题成果在实践中得到了检验和广泛的应用，受到生态环境部、相关流域局和地方的高度评价。

“流域区域水污染治理模式与技术路线图丛书”是路线图课题和辽河等相关流域示范项目课题技术成果的系统总结。丛书的设计紧扣流域区域水污染治理、技术路线图、治理模式、指导方案、技术评估等关键要素和环节，以手册工具书的形式，为河流、湖泊、城市的水污染治理、水环境整治及生态修复提供系统的流域区域问题诊断方法、技术路线图和分类指导方案。在流域区域水污染治理操作层面，丛书为水污染治理技术的选择应用提供技术方法工具，以及投融资和治理资源共享等市场机制的方法工具。丛书集成和凝练流域水污染治理相关理论和技术，提出了我国流域区域水污染治理的总体实施模式，并在国家水污染治理和水生态环境保护的重点流域辽河和太湖进行应用，形成了成果落地的案例。丛书形成了流域区域水污染治理手册工具书 3 册、技术评估和市场机制方法工具 2 册、流域案例及模式总结 2 册的体系。

丛书既是“十三五”水专项路线图等课题的攻关研究成果，又是水专项实施以来，流域水污染治理理论、技术和工程实践及管理经验总结凝练的结晶，具有很强的创新性、理论性、技术性和实践性。进入“十四五”以来，党中央、国务院关于深入打好污染防治攻坚战的意见对“碧水保卫战”作出明确部署，要求持续打好长江保护修复攻坚战，着力打好黄河生态保护治理攻坚战，完善水污染防治流域协同机制，深化海河、辽河、淮河、松花江、珠江等重点流域综合治理，推进重要湖泊污染防治和生态修复。相信丛书一定能在流域区域水污染防治和水生态环境保护修复工作中发挥重要的指导和参考作用。

我作为“十三五”水专项的技术总师，乐见这些标志性成果的产出、传播和推广应用，是为序！

吴丰昌
中国工程院院士
中国环境科学学会副理事长

前　言

2007年以来，随着太湖蓝藻水华事件的暴发，政府和公众对流域水环境质量状况更为关注。自2007年起，为加大水污染防治力度，推动流域水污染治理，中央财政开始设立“三河三湖”及松花江流域的水污染防治专项资金并不断扩大支持范围，总体上推动了我国流域水环境质量的不断改善。在流域水污染治理过程中，一方面需要政府部门不断加大资金投入，另一方面也需要充分发挥市场机制的作用，扩大治理资金的来源，降低治理成本，同时提升治理效率和专业化治理管理水平。构建和完善流域水污染治理市场机制应用体系，对充分发挥市场机制在流域水污染治理中的作用具有重要意义，梳理流域水污染治理市场机制的国内外历史与现状，在国家科技重大专项“水体污染控制与治理”（简称水专项）系列研究成果基础上，结合各地实践案例总结归纳，将为“十四五”时期进一步完善市场机制、充分发挥市场机制作用推动流域水环境治理奠定基础。

引入市场机制是防治水污染、保护水资源和水环境的重要途径。在流域水污染防治过程中，涉及政府、企业、公众三方的责任、权利和义务。流域水环境具有公共物品属性，水环境保护离不开政府的引导和调控。近些年来，党中央、国务院高度重视水污染防治工作，鼓励和支持水污染治理走市场化、产业化道路。基于价格、供求、竞争、风险等基本市场机制，在流域水污染治理方面，水专项在“十一五”“十二五”“十三五”期间开展了一系列市场机制相关研究和试点工作，涵盖价格与税费制度、排污许可证制度、排污权有偿使用和交易制度、流域生态补偿机制以及投融资政策等方面，为市场机制的进一步完善奠定了坚实的基础。从当前流域水污染治理的实际需求来看，我国流域水污染治理资金缺口很大，长效运营机制尚未建立。如何完善并充分发挥市场机制作用，降低治理成本，提高治理效率，保证流域水污染治理项目设施的建设和长效运营，切实实现流域水环境质量的根本改善，是市场机制政策安排和制度设计的目标所在。

本书针对流域水污染治理面临的资金投入不足，设施建设和运维资金保障不足，专业运维管理保障不足，后期监管能力不足，技术、设施、资本利用效率较低等多方面问题，从环境经济学、市场机制、共享经济等理论基础出发，借鉴国际上在流域水污染治理方面的市场机制应用经验，集成我国自“十一五”以来在流域水污染治理方面的市场机制研究成果，梳理我国流域水污染治理市场机制相关政策体系的演进过程，以市场化为导向，完善投融资机制，推动构建政府政策引导、企业主体运作、公众参与监督的流域统筹、多元施治的市场机制，提出技术模式、基础设施、社会资本共享的流域水污染治理经济模式，探索构建我国流域水污染治理市场机制框架体系及多元共治的市场机制模式，为推动流域水污染治理提供管理模式和技术支持。

本书是在水专项“流域水污染治理与水体修复技术集成与应用”项目所属“流域（区域）水污染治理模式与技术路线图”课题支持下，由生态环境部环境发展中心联合中国环境科学研究院、中国农业科学研究院等科研院所，针对全国 10 余个省市流域水污染治理市场机制应用现状开展针对性调研，并对流域水污染治理市场机制与共享经济模式进行深入研究的基础上完成的。本书旨在推动地方政府在流域水污染治理过程中拓展治理资金来源，选择适用的市场机制模式，以提高治理效率，降低治理成本。

全书共分 7 章，第 1 章“流域水污染治理市场机制与共享经济理论基础”由赫晓霞撰写；第 2 章“流域水污染治理市场机制国际经验”由赵一玮、赫晓霞撰写；第 3 章“流域水污染治理市场机制国内研究进展”由张维俊、刘海东撰写；第 4 章“我国流域水污染治理市场机制政策体系演进”由李冬、赵芳撰写；第 5 章“流域水污染治理市场机制典型模式及总体框架”由赵芳撰写；第 6 章“流域水污染治理共享经济模式”由李琳、赫晓霞撰写；第 7 章“典型流域水污染治理市场机制构建及应用案例”由吴艺楠、赵芳、李琳、赫晓霞撰写。全书由赵芳、赫晓霞、刘明轩统稿。

由于时间和水平有限，书中观点和内容尚不完善，疏漏之处在所难免，敬请各位专家同行和广大读者批评指正！

作　者

2022 年 11 月

目　录

丛书序
前言

第 1 章　流域水污染治理市场机制与共享经济理论基础……1
1.1　环境经济学理论……3
1.2　市场机制相关理论……9
1.3　共享经济理论基础……17

第 2 章　流域水污染治理市场机制国际经验……21
2.1　水污染治理环境经济政策……22
2.2　水污染治理典型投融资机制……31
2.3　典型国家水污染治理投融资经验……38
2.4　国际经验对中国流域水污染治理市场机制应用的启示……43

第 3 章　流域水污染治理市场机制国内研究进展……46
3.1　价格与税费……49
3.2　排污权有偿使用与交易……50
3.3　流域生态补偿……53
3.4　投融资机制……54
3.5　决策支持机制……59
3.6　长效运营机制……61

第 4 章　我国流域水污染治理市场机制政策体系演进……63
4.1　我国流域水污染治理权责划分……64
4.2　流域水污染治理环境经济政策……70

4.3 流域水污染治理投融资政策……81
4.4 我国流域水污染治理市场机制政策体系及推动方向……87

第 5 章 流域水污染治理市场机制典型模式及总体框架……92
5.1 我国流域水污染治理持续运营的关键制约因素……93
5.2 流域水污染治理市场机制典型模式及适用条件……98
5.3 流域水污染治理市场机制框架构建及完善建议……120

第 6 章 流域水污染治理共享经济模式……125
6.1 流域水污染治理共享经济模式的构建……126
6.2 流域水污染治理设施及服务共享租赁模式构建……141
6.3 流域水污染治理共享经济模式小结……144

第 7 章 典型流域水污染治理市场机制构建及应用案例……147
7.1 江苏省流域水污染治理市场机制应用现状……148
7.2 浙江省流域水污染治理市场机制应用现状……159
7.3 北京市流域水污染治理市场机制应用现状……165
7.4 福建省流域水污染治理市场机制应用现状……171
7.5 重庆市流域水污染治理市场机制应用现状……177
7.6 辽河流域水污染治理市场机制构建应用案例分析……182
7.7 典型流域水污染治理市场机制应用的经验借鉴……191

参考文献……194

第 1 章　流域水污染治理市场机制与共享经济理论基础

流域水污染治理是指针对流域水环境质量差、水生态受损重、环境隐患多等问题，综合利用政策、技术、法律、经济、行政、教育等手段，从全面控制污染物排放、强化科技支撑、发挥市场机制作用、严格环境执法监管、加强水环境管理、明确和落实各方责任、强化公众参与和社会监督等各个方面加大水污染防治力度，改善水环境质量，保障流域水环境安全。

从流域水污染治理的领域和对象来看，包含了工业污染源治理，城镇生活污水治理，农业面源（农村生活污水、种植业污染、畜禽养殖污染等）治理，黑臭水体治理，流域水环境综合治理等。工业企业污水排放和治理可以按照“谁污染谁治理”“污染者付费”等基本原则进行治理和监督；城镇生活污水治理、农业面源污染治理、黑臭水体治理及流域水环境综合治理等，目前主要由政府投资进行治理。通过建设和运营水污染治理项目和设施，对不同污染来源的污水进行收集，运用各种工艺技术对污水进行有效处理，对河湖受损水体进行水质和生态修复，同时获取投资收益，是目前第三方市场主体参与流域水污染治理的主要方式。

2015 年，《水污染防治行动计划》（简称“水十条”）发布，要求“充分发挥市场机制作用”，并提出“理顺价格税费”“促进多元融资”“建立激励机制”等具体举措，以及“完善收费政策”“健全税收政策”“引导社会资本投入，积极推动设立融资担保基金，推进环保设备融资租赁业务发展”“推行绿色信贷”“实施跨界水环境补偿”等进一步措施，形成“政府统领、企业施治、市场驱动、公众参与”的水污染防治新机制，实现“环境效益、经济效益与社会效益多赢”。2017 年，党的十九大报告针对生态文明建设提出了“构建政府为主导、企业为主体、社会组织和公众共同参与的环境治理体系”的指导思想，倡导在环境保护与环境治理领域引入共建共治共享的理念，打造基于多元主体共同参与的新型环境治理模式，为解决日益复杂化和不断变化的环境治理问题提供了新思路。随着中国经济体制改革进程的逐步深入，社会分工和专业化、信息化的不断发展，传统的以行政命令手段为主的环境治理模式正在逐步向政府、企业、公众等共同参与的综合治理模式过渡，市场机制在流域水污染治理过程中的作用越来越大。

流域水污染治理市场机制与共享经济的理论基础来自三个方面：一是环境经济学理论，即运用经济手段推动相关主体改变行为模式，减少环境影响的同时募集治理资金；二是将一般市场机制相关理论应用于流域水污染治理领域，其主要作用是厘清主体责任，募集治理资金，降低治理成本，提升治理效率；三是共享经济理论基础，即通过互联网手段的应用，共享使用权，以进一步降低交易成本，使参与各方均获得收益，进一步发挥市场机制的作用。

一方面，流域水污染治理具有公共物品属性，外部性效益明显，市场自发参与流域水污染治理的意愿不强，存在市场失灵现象；另一方面，政府承担供给生态环境等公共服务的职能，是流域水污染治理的责任主体，但过多地采用行政命令手段，会造成环境治理成本高、效率低、环境质量改善不显著等问题，存在政府失灵现象。流域水污染治理项目属于准经营性项目，既需要政府直接投入和供给，也需要鼓励社会资本参与，解决资金投入不足的问题，并在技术、管理等方面引入私人部门来提升项目的运营效率，降低治理成本。因此，政府机制和市场机制的多元合作是推动流域水污染治理的最优选择：非经营性的流域水污染治理项目应以政府投资为主，在项目建设及运营方面通过政府购买服务等形式提高治理效率，降低治理成本，同时鼓励企业和社会资本参与经营性项目和准经营性项目的投资、建设和运营，扩大投资来源，实现优势互补。通过市场机制与行政命令手段相互弥补缺陷，共同调配社会资源，协调发挥作用，使政策合力最大化，达到保护环境的目的。

1.1　环境经济学理论

1.1.1　外部性理论

外部性是指在实际经济活动中，生产者或消费者的活动对其他生产者或消费者带来的非市场性的影响，它是一种成本或效益的外溢现象。当一个人从事的活动影响了旁观者的福利但却不对这种影响支付补偿或收取报酬时，外部性就产生了。如果对旁观者的影响是不利的，就称为负外部性；如果对旁观者的影响是有益的，就称为正外部性。流域水环境污染带来的是负外部性，流域水环境保护带来的则是正外部性。

1920 年，英国经济学家庇古在《福利经济学》一书中首先提出对污染征收税或费的想法。庇古建议，应当根据污染所造成的危害对排污者征税，用税收来弥补私人成本和社会成本之间的差距，使二者相等，这就是“庇古税”。现在，人们把针对污染物排放所征收的各种税费统称为“庇古税”。排污收费和环境保护税的本质就是“庇古税”，其目的是将排污单位造成的外部不经济性内部化（金书秦和宋国君，2006）。排污单位要么自觉治理污染，要么对仍在继续发生的污染以缴纳排污费或环境保护税的形式补偿环境资源的损失。税费制度让市场中的买者和卖者考虑他们行为效应的激励，生产者在决定生产供给量时自然会考虑污染成本，因为税费制度让他们需要承担这些外部成本。而且，由于市场价格将反映生产者承担的税费，市场价格的增加将激励消费者减少消费量。“庇古税”的实施让市场参与者考虑他们行为的外部效应，这就是外部性的内部化。

1.1.2 公共物品理论

理论界普遍认为，公共物品（也称公共产品）具有两个基本特性，即消费的非竞争性和非排他性。非竞争性是指某人对一种公共物品的消费不会影响别人同时消费该物品并从中获得效用。非排他性是指某人在消费一种公共物品时不能排除其他人消费这一物品（不论他们是否付费）或者排除需要的成本很高（高鸿业，2007）。把竞争性与排他性作为区分物品的二维尺度,可以将公共物品分为完全公共物品和准公共物品。

完全公共物品是指每个人消费这种物品不会导致别人对该物品消费的减少，它必须具备两个特征：一是消费的不可分性或无竞争性，二是消费中无排他性。一旦某种物品具有以上特征就可以称为完全公共物品。

准公共物品可以分为两类：一类的特点是消费上具有非竞争性，但是可以比较容易地做到排他，这称为俱乐部物品；另一类则与俱乐部物品相反，即在消费上具有竞争性，但是却无法有效地排他，这类物品通常被称为公共资源。俱乐部产品容易产生“拥挤”问题，而公共资源则容易产生“公地的悲剧”。“公地的悲剧”问题表明，如果一种资源无法有效地排他，那么就会导致这种资源的过度使用，最终导致全体成员的利益受损，空气污染、流域水污染、公共草场退化等都属于典型的“公地的悲剧”。

当流域水资源（包括水环境容量）充裕时，水是自然供给的完全公共物品，同时具备消费的非排他性和非竞争性。随着人口的增长和经济发展，当水资源消费量达到一定限度时，水成为准公共物品，如果不能有效保护，就会带来水资源的过度使用和水环境污染等问题，而如果水污染治理投入严重不足，则没有任何人能够享受到水环境保护所能带来的好处。

就流域水污染治理而言，由于水资源的非排他性，未实施及未参与治理的企业和消费者尽管不曾付费，也能享受流域水污染治理所带来的好处，这就是流域水污染治理的非排他性。同样，流域内某一个体（居民、企业）从流域水污染治理中获得的好处，并不影响其他人同样得到，这属于流域水污染治理的非竞争性。由此看来，流域水污染治理在本质上具有公共物品属性。

1.1.3　排污权交易和有偿使用理论

排污权交易是许多国家通过市场手段配置、保护环境资源的重要经济政策之一。排污权交易的主要思想是在满足环境要求的前提下，设立合法的污染物排放权利即排污权（通常以排污许可证的形式表现），并允许这种权利像商品那样被买卖，以此进行污染物的排放控制。

法律意义上的排污权，是指排污单位按照国家或者地方规定的污染物排放标准，以及污染物排放总量控制要求，经核定允许其在一定期限内排放污染物的种类和数量。排污权由试点地区县级以上地方环境保护主管部门（以下简称地方环境保护部门）按照污染源管理权限核定，并以排污许可证形式予以确认[①]。

排污权有偿使用，是指排污单位在缴纳使用费后获得排污权，或通过交易获得排污权。排污单位在规定期限内对排污权拥有使用、转让和抵押等权利[②]。

水污染物排污权交易政策的总体思路是以流域为管理单元，根据总量减排管理设定的阶段水质管理目标，限定水污染物排放总量，对流域内各排污单位进行初次分配，各排污单位间可以通过市场交易进行污染物排放权的再分配，达到污染物总量控制的目的，提高管理效率。

排污权交易的理论起源于科斯所提出的“通过产权的清晰界定来获得资源配置的效率”论断。科斯认为，市场失灵是由产权界定不明确所导致的，只要明确界定所有权，市场主体或经济行为主体之间的交易活动就可以有效地解决外部性问题，即通过产权的明晰界定可以将外部成本内部化。排污权交易政策则是作为解决环境资源利用中的外部性的重要政策工具，于 20 世纪 60 年代末由 Crocker 和 Dales 等提出，此后逐渐应用到环境管理实践中来，如美国的酸雨计划、欧盟的碳交易体系等（王金南等，2014）。

排污权有偿使用与交易的前提是环境资源的稀缺性，在完全竞争的市场条件下，根据科斯定理，初始分配并不重要，如果人们能以零成本进行协商，那么他们总可以达成协议（李克国，2014）。但由于现实中完全竞争不可能实现，交易成本也不可能为零，市场手段只能尽量降低交易成本。因此排放权初始分配是否公平、有效，便成为排污交易政策能否顺利实施的前提。

---

① 关于印发《排污权出让收入管理暂行办法》的通知．http://www.gov.cn/zhengce/2016-05/25/content_5076588.htm[2021- 02-27].

② 国务院办公厅关于进一步推进排污权有偿使用和交易试点工作的指导意见．http://www.gov.cn/zhengce/content/2014-08/25/content_9050.htm[2021-02-27].

排污权交易是排污权质押贷款产生的前提。没有排污权的界定，企业就不需要为保护环境支付成本，也就不必开展节能减排，排污权质押贷款就失去了市场需求。同样，没有排污权的量化和可转让性，即使银行愿意为企业提供排污权质押贷款，但银行难以判断企业排污权的价值，也就难以确定贷款数额。而且这种贷款伴随着很大风险，一旦企业不能按期归还，银行就无法处置排污权（苏明等，2014）。

推出排污权质押贷款是一项缓解中小企业由于购买排污权而造成资金紧缺的创新之举，是创新环保管理机制和金融服务、缓解中小企业融资难的双赢结合。开展排污权质押贷款，把排污权变成了企业的“流动资产”，使企业从中得到经济效益，为企业做好节能减排工作奠定了扎实的基础，而且进一步深化了排污权交易制度，为地方中小企业发展做出了积极贡献（曹艳，2010）。

1.1.4 流域生态补偿理论

国际上通用的生态补偿概念主要指生态系统服务付费（payment for ecosystem services，PEcoS）或环境服务付费（payment for environmental services，PEnvS），即以生态环境的服务功能为基础，通过经济激励手段，调整保护者与受益者在环境和生态方面利益关系的机制。所谓生态系统服务付费就是由生态系统服务受益者（如下游水用户）为服务提供者（如上游林地所有者）所提供的环境服务付费，以激励上游林地所有者以环境友好的方式管理资源，以确保生态系统服务的可持续性（胡苏萍和赵亦恺，2019）。

中国环境与发展国际合作委员会（2006）综合国内外学者的研究，给出了对我国生态补偿的定义：生态补偿是以保护和可持续利用生态系统服务为目的，以经济手段为主，调节相关者利益关系的制度安排。更详细地说，生态补偿机制是以保护生态环境，促进人与自然和谐发展为目的，根据生态系统服务价值、生态保护成本、发展机会成本，运用政府和市场手段，调节生态保护利益相关者之间利益关系的公共制度。

流域生态补偿是指当流域内水资源利用或污染排放能够控制在相应的总量控制或跨界断面的水质考核标准之内时，如果没有充分利用的水量和环境容量被其他地区占用，产生了正的外部效应，同时流域上游为了给下游地区提供优质的水源而放弃了许多发展机会并因此而增加了许多额外的生态环境保护投入，那么下游应该对上游提供的高于基准的水生态服务进行补偿；当区域内流域水资源利用或污染排放超过了相应的总量控制标准或跨界断面的水质考核标准时，不仅提高了下游地区治污的费用，还可能对下游直接造成经济损失，产生负的外部效应，则上游地区应该承担下游地区的超标治污成本并赔偿对下游地区造成的损害，即给予下游地区一定的经济赔偿。

流域生态补偿可供选择的政策途径包括流域水质协议、流域水质交易、流域生态补偿基金、生态标记等。

（1）流域水质协议。通过“流域水质协议”的方式，确定流域上下游应该承担的责、权、利。按照流域水环境功能区划，一定时期内跨界水质目标责任的要求，以流域水质状况作为依据，按照跨界断面水质自动监测数据的月、季或者年平均值进行考核，如果上游来水比上期好转或者优于规定的水质要求，则下游补偿上游；如果上游来水水质比上期恶化或者差于规定的水质要求，则由上游向下游赔偿。

（2）流域水质交易。这种政策途径源于美国的《清洁水法案》，被认为是某些情况下改善水质的一种卓有成效且安全环保的方法。一般来说，水质交易双方中的一方面临着较高的污染控制成本，因此它通过给另一方一部分经济补偿，来达到以较低的成本获得同样或者较大的水质效益。流域水质交易的交易标的通常是一个水体内排污者的排放总量指标，也就是说在特定流域水体水质保持不变和水污染物排放总量不变的前提下，排放者之间进行的排放配额买卖，其实质是水污染物排污权交易在流域生态补偿领域的应用。

（3）流域生态补偿基金。这是拓宽流域生态补偿融资的主要渠道，它的来源主要有以下三个方面：一是政府财政资金，在财政预算、国家相关补助、流域内违法行为罚没收入等方面安排补偿资金；二是市场调控，如以排污费征收、水电使用价格附加等方式收取生态补偿资金；三是鼓励和吸引社会和公众捐赠，为保护流域生态环境做贡献。

（4）生态标记。生态标记是对生态环境友好型的产品进行标记，将这一产品减少污染、保护生态环境的行为以及所产生的生态服务价值以产品附加值的形式体现在产品价格上，通过社会公众购买这类产品实现消费者对生产者的补偿。具体的形式有有机食品、绿色食品的认证与销售，广义的生态（环境）标记还包括生态旅游、文化景区或生物遗产地标志等。相对于政府补偿来说，作为一个市场化的补偿机制，生态标记更具有灵活性和激励性，通过市场的调节，可以更有效保证生态环境效益外部性的内部化，达到资源优化配置的目的，还可以弥补政府补偿投入不足、补偿主体单一等缺陷。

1.1.5 绿色金融理论

1987 年，世界环境与发展委员会出版了《我们共同的未来》，引起全世界对绿色发展的关注。随着经济全球化的日益加剧，环境问题引起了世界各国的普遍关注。绿色金融正是诞生在这样的背景之下，研究运用金融手段实现环保目的，实现经济效益、社会效益和环境效益的统一（蒋先玲和张庆波，2017）。

2016 年，《关于构建绿色金融体系的指导意见》首次给出了绿色金融的“官方”定义：绿色金融是指为支持环境改善、应对气候变化和资源节约高效利用的经济活动，即对环保、节能、清洁能源、绿色交通、绿色建筑等领域的项目投融资、项目运营、风险管理等所提供的金融服务。绿色金融体系是指通过绿色信贷、绿色债券、绿色股票指数和相关产品、绿色基金、绿色保险、碳金融等金融工具和相关政策将社会资本引入生态环境领域，支持经济向绿色化转型的制度安排。

绿色信贷一般是指金融机构在贷款融资过程中充分考虑环境因素和社会影响，通过金融手段达到降低能耗，减少污染，支持绿色产业发展的目的，促进可持续发展。目前绿色信贷最有影响力的框架准则是著名的“赤道原则”[①]。“赤道原则”要求金融机构在企业贷款和项目融资过程中，充分审核潜在的环境风险，并对可能造成的环境污染提出解决方案。“赤道原则”的意义在于将生态环境保护过程中的金融操作行为标准化（蒋先玲和张庆波，2017）。

绿色债券是指任何将所得资金专门用于资助符合规定条件的绿色项目或为这些项目进行再融资的债券工具。而绿色项目是指那些可以促进环境可持续发展，并且通过发行主体和相关机构评估与选择的项目及计划，包含减缓和适应气候变化、遏制自然资源枯竭、生物多样性保护、污染治理等几大关键领域。为提升绿色债券的明确性和透明度，2014 年，国际上的 13 家商业银行和投资银行联合发布了《自愿性绿色债券原则》，介绍了绿色债券认定、信息披露、管理和报告流程。2015 年，国际资本市场协会（International Capital Market Association，ICMA）联合 130 多家金融机构共同出台了《绿色债券原则》（第二版），进一步明确了绿色债券的资金用途、项目评估和筛选制度、资金管理和后续监管跟踪等多个方面（李永芳，2017）。

绿色基金是指专门针对节能减排战略、低碳经济发展、环境优化改造项目而建立的专项投资基金，可以用于雾霾治理、水环境治理、土壤治理、污染防治、清洁能源、绿化和风沙治理、资源利用效率和循环利用、绿色交通、绿色建筑、生态保护和气候

---

① “赤道原则”是由世界主要金融机构根据国际金融公司和世界银行的政策和指南建立的，旨在决定、评估和管理项目融资中的环境与社会风险而确定的金融行业基准。

适应等领域，在绿色金融体系中资金来源最为广泛，具有举足轻重的作用（安国俊，2017）。绿色基金可以充分运用政府与市场的双轮驱动，有效化解金融创新的资金瓶颈问题，势必将成为中国可持续发展的新引擎。

绿色保险是环境污染责任保险的形象称呼，它是指以被保险人因污染环境而承担的损害赔偿和治理责任为保险标的的责任保险。绿色保险要求投保人按照保险合同的约定向保险公司缴纳保险费，一旦发生污染事故，由保险公司对污染受害人承担赔偿和治理责任（游春，2009）。

绿色信托就是以环保项目为标的，为环保行业融资的信托计划，是信托投资与环保产业融资的结合，对解决环保产业融资难的问题具有积极作用（徐广军等，2011）。

融资租赁是一种特殊的金融业务，是指出租人购买承租人所选定的租赁物件，为后者提供融资服务，随后以收取租金为条件，将该物件长期出租给该承租人使用的融资模式。融资租赁以租赁为表象，以融资为实质。融资租赁主要有直接租赁和售后回租两种模式，根据客户主体需求的不同可采取不同的模式（李瑞玲等，2016）。融资租赁同样适用于环境污染治理领域，可通过环保设备租赁的形式进行融资。

构建绿色金融体系主要目的是动员和激励更多社会资本投入到绿色产业，同时更有效地抑制污染性投资。构建绿色金融体系不仅有助于加快我国经济向绿色化转型，支持生态文明建设，也有利于促进环保、新能源、节能等领域的技术进步，加快培育新的经济增长点，提升经济增长潜力。

建立健全绿色金融体系，需要金融、财政、环保等政策和相关法律法规的配套支持，通过建立适当的激励和约束机制，解决项目环境外部性问题。同时，也需要金融机构和金融市场加大创新力度，通过发展新的金融工具和服务手段，解决绿色投融资所面临的期限错配、信息不对称、产品和分析工具缺失等问题。

1.2　市场机制相关理论

1.2.1　市场机制理论

习近平总书记在《关于〈中共中央关于全面深化改革若干重大问题的决定〉的说明》中指出，“市场配置资源是最有效率的形式。市场决定资源配置是市场经济的一般规律，市场经济本质上就是市场决定资源配置的经济”。市场机制是通过市场竞争配置资源的方式，即资源在市场上通过自由竞争与自由交换来实现配置的机制，也是价值规律的实现形式。具体来说，它是指市场机制中的供求、价格、竞争、风险等要素之间互相联系及作用的机理。

市场机制在生态环境治理中的应用也被称为生态环境保护市场机制，由基于市场的各项环境政策构成。生态环境保护市场机制是在充分理解社会经济系统运行规律和环境规律的基础上，合理设计并实施的紧密关联、互为补充、相辅相成的各种环境市场政策手段的组合。目前常见的市场机制环境政策主要包括环境保护税费、价格政策、排污权交易、生态补偿、环境补贴等（杨琦佳等，2018）。

生态环境保护具有公共物品属性，与其他一般竞争性产业相比，市场机制调节作用的发挥有一定的局限性，存在市场失灵情况，因此在一些情况下，需要政府为其创造条件，并给予一定的政策扶持，引导市场机制充分作用。同样，在生态环境保护领域也存在政府失灵的情况，过多地采用单一的行政命令机制，就会造成环境管理成本高、效率低，而环境质量改善不显著的问题。为平衡政府调节和市场调节的关系，在生态环境保护领域引入市场机制，通过市场机制与行政命令手段相互弥补缺陷，协调发挥作用，可以使政策合力最大化，共同调配环境资源，达到保护生态环境的目的（杨琦佳等，2018）。由于市场的导向是效率，政府的导向则是兼顾公平与效率，因此，政府要着眼于保证市场机制的正常运作，尽可能发挥市场机制在流域水污染治理中的作用（沈满洪，2000）。

1.2.2 市场失灵理论

市场失灵理论认为：完全竞争的市场结构是资源配置的最佳方式，但在现实经济中，完全竞争市场结构只是一种理论上的假设，现实中是不可能全部满足的。由于垄断、外部性、信息不完全和公共物品领域，仅仅依靠价格机制来配置资源无法实现效率——帕累托最优，就出现了市场失灵（刘辉，1999）。

公共经济学中，市场失灵是政府介入的基本依据。环境成本外部性的内部化需要政府干预，而提供公共物品则需要通过政府的直接投入。公共物品的非竞争性和非排他性以及由此产生的“搭便车”等现象，使得依靠人们自愿或市场提供，会使公共物品供给量不足，无法满足人们的基本需求，也会导致市场失灵。公共物品是人类生存和生活的必需品。如果市场不能提供公共物品，政府的介入就成为必要。因此，公共物品应当由政府供给（苏明等，2014）。

由于外部性和公共物品属性的存在，流域水污染治理和水环境保护是市场机制自身难以进行的。如果仅仅依靠市场机制的自我调节，那么负外部性的存在很可能造成严重的环境污染或公共资源的破坏，而污染者或破坏者却不承担相应的责任或付出相应的代价；流域水污染治理的公共物品属性使得市场自发治理水污染的意愿不强，无法满足治理需求。为了实现环境治理外部成本的内部化，解决水资源供给和保护问题，一方面需要政府制定合理的环境经济政策，引导市场主体对水污染进行有效治理或支付治理费用，另一方面也需要政府作为公共服务主体进行直接投入并实施有效治理。

1.2.3　公共服务理论

公共服务是指政府等公共部门为了满足公民的公共需求，生产、提供和管理公共产品及特殊私人产品的活动、行为及过程。这些公共产品及特殊私人产品一般包括公共教育、公共卫生和基本医疗、社会保障和社会救助、国防与公共安全、公用事业与公共设施、住房保障、就业服务、生态环境保护和建设、基础科学研究与科学普及推广、公共文化、体育与休闲等（张序，2015）。

公共服务供给是指公共服务主体输入资源将其转化为具体公共服务绩效的过程。公共服务供给主要涉及公共部门为满足公共需求而提供公共服务的种类、数量和质量，包括公共服务供给模式与方法，各供给主体在公共服务供给中的角色、作用与不足，各主体的合作、分工与竞争，政府和社会资本参与公共服务供给的特征，公共服务供给中公平与效率的关系，公共服务供给绩效等（张序，2015）。

供给公共服务是政府最基本的职能之一。《政府投资条例》规定，政府投资资金应当投向市场不能有效配置资源的社会公益服务、公共基础设施、农业农村、生态环境保护、重大科技进步、社会管理、国家安全等公共领域的项目，以非经营性项目为主。国家完善有关政策措施，发挥政府投资资金的引导和带动作用，鼓励社会资金投向前款规定的领域。也就是说，政府投资应该聚焦于非营利性公共领域项目，为市场主体让渡乃至创造投资机会，激发社会资本投资活力，从而达到政府功能与市场功能相互补充的目的，优化政府投资方向和结构。对于有发展需要但成本和风险较高、盈利能力不足的公益性领域，政府投资要带动社会投资，发挥其成本风险共担、市场效率高的优势。

公共服务的供给不能依赖单一主体，政府和社会资本作为公共服务的供给主体，均有各自的作用空间。在其作用空间内，每一主体对公共服务的供给都是有效的；在作用空间之外，则可能导致公共服务供给不足或失败。政府是公共服务的主导者，也是社会资本的引导者、监管者，以及制度供给者。政府与社会资本之间既存在竞争关系，也存在合作关系，通过政府与社会资本合作，可共同推动公共服务的有效供给（杨颖，2011）。流域水污染治理属于生态环境保护领域的公共服务，主要应由政府投资，同时鼓励社会资本的参与，实现优势互补。

1.2.4 项目区分理论

根据政府参与投资项目的营利性质对项目进行分类，可以把项目分为营利性项目和非营利性项目。营利性项目是指因为自然垄断或为了促进战略产业发展或为了促进大众消费，政府参与的竞争性项目，这些项目一般具有建设周期长、投资成本高、收益时效慢等特点，社会资本缺乏进入的积极性。此类项目的经营目标在追求经济利益最大化的同时又兼具社会效益，包括高速公路、电厂、港口等项目。非营利性项目是指为了实现特定的社会目标和环境目标，为社会公众提供免费或者质优价廉的公共产物或服务，非营利性项目的目标是追求社会效益的最大化，由政府来承担其经济成本。

根据项目自身的盈利能力，可以将项目分为经营性项目、非经营性项目以及介于二者之间的准经营性项目。在三类项目中，经营性项目是指具有完善的收益机制，具有长期、稳定、持续的收益。这类项目的投资主体可以是公共部门，也可以是私人部门。在完善的市场经济条件下，这类项目交给市场更有效率。非经营性项目是指没有成熟的收益机制，也不具有长期、稳定、持续的收益。这些项目追求公众利益的最大化，致力于服务社会。非经营性项目追求公众利益最大化的目标与私人部门追求私人利益最大化的目标是相互矛盾的，这类项目应该交由公共部门来供给。准经营性项目介于两者之间，虽然存在收益机制，但项目的价值或收益并不能完全覆盖投资成本，需要政府采取财政补贴、税收优惠、土地优惠等激励措施，来推动私人部门投资此类项目（赵宝庆，2016）。

流域水污染治理项目属于准经营性项目，既需要政府直接投入和供给，也需要加强政府引导，鼓励社会资本参与，解决资金投入不足的问题，并在技术、管理等方面引入私人部门来提升项目的运营效率，政府和社会资本合作无疑是最佳选择。随着市场的不断发展成熟，政府应不断退出，私人部门应逐渐进入准经营性投资领域，同时政府首要职能应该转向提供法规、制度等非物质类公共物品，建立完善竞争机制，维持正常市场秩序，发挥市场机制和政府调控的各自效率，降低社会成本。

1.2.5　投融资理论

投融资是投资和融资的简称。投资是指一定的经济实体为获得预期的净收益而运用资金进行的风险性活动，它是由资金的投入、使用、管理和回收四个过程构成的有机整体，具有收益性、时间性、风险性等特点。根据《新帕尔格雷夫经济学大辞典》的解释，融资是指为支付超过现金的购货款而采取的货币交易手段，或为取得资产而集资所采取的货币手段。经济活动的融资常常表现为“企业或者一个项目为了正常的开工兴建、生产经营运作而筹集必要资金的行为”，它解决的是如何取得所需要的资金，包括在何时、向谁、以多大的成本、融通多少资金等问题。融资一般要遵循以下三条原则：①合理确定融资数额，满足资金需求；②正确选择融资渠道与方式，降低资金成本；③资金的融通和投放相结合，提高资金效益。

投融资机制是指资金投入和融通过程中各个构成要素之间的作用关系及其调控方式，包括确立投融资主体、制定投融资政策、选择投融资模式、畅通投融资渠道，以及利用金融手段促进资本良性循环等诸多方面。《中共中央 国务院关于深化投融资体制改革的意见》要求，“着力推进结构性改革尤其是供给侧结构性改革，充分发挥市场在资源配置中的决定性作用和更好发挥政府作用。”“科学界定并严格控制政府投资范围，平等对待各类投资主体，确立企业投资主体地位，放宽放活社会投资，激发民间投资潜力和创新活力。充分发挥政府投资的引导作用和放大效应，完善政府和社会资本合作模式。”“打通投融资渠道，拓宽投资项目资金来源，充分挖掘社会资金潜力，让更多储蓄转化为有效投资，有效缓解投资项目融资难融资贵问题。”

流域水污染治理投资是指社会有关投资主体从社会的积累资金和各种补偿资金中，拿出一定的数量用于水污染治理和水资源保护。目前，国内外关于环境投资的定义及内容尚未统一。《中国环境统计年鉴 2018》中给出了环境污染治理投资的解释，环境污染治理投资指在工业污染源治理和城市环境基础设施建设的资金投入中，用于形成固定资产的资金。包括工业新老污染源治理工程投资、项目建设“三同时”环保投资，以及城镇环境基础设施建设所投入的资金。若按环境要素进行分类，则环境污染治理投资包括水污染治理、大气污染治理、固体废物污染治理、生态治理和能力建设投资。在市场经济体制下，投资主体是指具有从事投资活动所需的资金来源、拥有投资的自主决策权、享有投资收益权并能够承担相应投资风险责任的经济法人或自然人。投资主体一般分为政府、企业和个人。

流域水污染融资是指有关投资主体为了进行水污染治理或水资源保护等活动，从社会各方得到资金支持的行为和过程。一般来说，流域水污染治理可以选择的融资渠道和方式包括：中央财政预算资金，地方政府债券资金、政策性银行贷款，使用者缴费等，项目融资如建设-经营-转让（build-operate-transfer，BOT）等，商业信贷，长期资本市场融资如权益资本、债券和基金等，海外援助、外商投资和国际环境公约下的融资机制等。相应地，主要的融资主体为政府，包括中央政府、地方政府以及相应的政府机构；居民，除了按“使用者付费”原则缴费外，也包括居民自有资金的投资；企业，包括生产经营企业和金融机构；国外机构，包括外国政府、企业、个人和金融机构等。

随着政府和公众对流域水环境质量的关注度不断提升，流域水污染治理投入的需求急剧增加，在科技进步日新月异和劳动力总体供过于求的背景下，资金投入情况成为影响水污染治理的决定性因素。另外，流域水污染治理和水环境保护外部性强、资金投入高度密集、市场投入意愿不强等特点，也决定了流域水污染治理需要政府和市场共同推动。因此，完善适应社会主义市场经济要求的新型投融资机制体系，是流域水污染治理领域充分发挥市场机制作用的必要条件。

1.2.6 政府与社会资本合作理论

根据亚洲开发银行 2008 年在《公私合作手册》的定义，“公私合作”[①]（public- private partnership，PPP）一词描述了为开展基础设施建设和提供其他服务，公共部门和私营部门实体之间可能建立的一系列合作伙伴关系。PPP 中的公共合作伙伴指的是政府，包括中央政府、地方政府，或国有企业；私营合作伙伴可以是本地的或国际的，如具备与项目有关的技术或金融领域专长的企业或投资者。PPP 还可引入非政府组织（non-governmental organization，NGO）和（或）社区组织（community-based organization，CBO），它们可代表直接受项目影响的利益相关方。稳定的 PPP 能够在公私合作伙伴之间对任务、责任和风险进行最优化配置。

2014 年，第十二届全国人民代表大会第二次会议审议通过的《关于 2013 年中央和地方预算执行情况与 2014 年中央和地方预算草案的报告》最早提出了中国的 PPP 模式，即政府与社会资本合作模式。政府与社会资本合作是指政府与社会资本为提供公共产品或服务而建立的“全过程”合作关系，以授予特许经营权为基础，以利益共享和风险共担为特征，通过引入市场竞争和激励约束机制，发挥双方优势，提高公共

① 后文统一为“政府与社会资本合作”，此处与原文保持一致未作改动。

产品或服务的质量和供给效率①。

根据《财政部关于推广运用政府和社会资本合作模式有关问题的通知》，政府与社会资本合作模式是在基础设施及公共服务领域建立的一种长期合作关系。通常模式是由社会资本承担设计、建设、运营、维护基础设施的大部分工作，并通过“使用者付费”及必要的“政府付费”获得合理投资回报；政府部门负责基础设施及公共服务价格和质量监管，以保证公共利益最大化。

此外，PPP 模式的含义又有广义与狭义之分。通常情况下，广义的 PPP 泛指公共部门与私营部门为提供公共产品或服务而建立的合作关系，通过政府政策引导和财政支持，将民间资本引向公共服务领域，提高公用事业的收益水平（张轶，2014）；狭义的 PPP 是指政府与私营部门组成特殊目的机构（special purpose vehicle，SPV），引入社会资本，共同设计开发，共同承担风险，全过程合作，期满后再移交给政府的公共服务开发运营方式。广义的 PPP 模式是政府投融资模式中的一种典型模式，而狭义的 PPP 模式则可以理解为项目融资的一种具体运作方式，更加强调政府在项目中的所有权（即政府持有股份），以及与企业合作过程中的风险分担与利益共享（张剑文，2016）。不管哪种定义，PPP 的本质都是公共部门与私营部门为项目的建设和管理而达成的长期合作关系，公共部门由传统方式下的公共设施和服务的提供者变为监督者和合作者，从而实现与私营部门的优势互补。

通过对 PPP 模式的研究，可以看出采用 PPP 模式是有条件的，即能够运用 PPP 模式的基础设施必须能够通过向用户收取费用而带来现金流。一些水污染治理设施恰好具备这样的条件，如城镇生活污水处理设施是可以通过向用户收取费用而带来现金流的。因此，在政府流域水污染治理的投融资机制方面，可以大胆创新、广泛应用 PPP 模式。具体来说，流域水污染治理投融资可以尝试以下几种 PPP 项目运作模式（表 1-1）。

表 1-1　常见水环境保护投融资 PPP 模式

基础设施类型	PPP 模式类型
现有基础设施	转让-经营-转让（transfer-operate-transfer，TOT）
	政府购买服务
现有基础设施扩建与改造	租赁-建设-经营（leveraged-build-operate，LBO）
	购买-建设-经营（buy-build-operate，BBO）
	外围建设

① 中国环境与发展国际合作委员会. 2015. 绿色金融改革与促进绿色转型研究. 中国环境与发展国际合作委员会 2015 年年会.

续表

基础设施类型	PPP 模式类型
新建基础设施	建设-经营-转让（build-operate-transfer，BOT） 建设-拥有-经营-转让（build-own-operate-transfer，BOOT） 建设-拥有-经营（build-own-operate，BOO） 建设-转让-经营（build-transfer-operate，BTO） 建设-转让（build-transfer，BT） 设计-建设-运营（design-build-operate，DBO）

一是在现有水污染治理设施的维护和管理方面，政府将现有水污染治理设施出售、出租给民营企业，采用 TOT 模式或者采取购买服务方式。TOT 模式是指政府部门把已经投产的项目在一定经营期限内转交给投资者经营，即转让“现货”，以项目在该期限内的现金流量为标的，一次性地从投资者手中获得一笔资金，用于建设其他新项目，待经营期期满后，再收回该转让项目的经营权。投资者购买某项现有水污染治理设施项目的特许经营权，在合同约定的经营期限内通过经营回收全部投资并得到合理利润，然后再将水污染治理设施的经营权无偿交还给政府部门。这种投资方式一方面可以吸引投资者，另一方面政府投资的回收也比较快，从而可以建设更多的项目。政府购买服务模式则是政府直接购买企业服务，不涉及产权问题。

二是在扩建与改造现有水环境保护设施方面，采用 LBO 模式、BBO 模式或外围建设的方式。企业从政府手中租用或收购水污染治理设施，在特许权下改造、扩建并经营该水污染治理设施。它可以根据特许权向用户收取费用，同时向政府缴纳一定的特许费；或者企业扩建政府拥有的水污染治理设施，仅对扩建部分享有所有权，但可以经营整个水污染治理设施，并向用户收取费用。

三是在新建水污染治理设施方面，采用 BOT 模式、BOOT 模式、BOO 模式、BTO 模式、BT 模式或 DBO 模式。企业投资兴建新的水污染治理设施，建成后把所有权移交给公共部门，然后可以经营该水污染治理设施 20～40 年，在此期间向用户收取费用；或者水污染治理设施的所有权在私营部门经营 20～40 年后才转让移交给公共部门。DBO 模式是将某设施（公共设施或非公共设施）的设计、建造和长期运营整合在一起委托给承包商实施的一种项目模式。DBO 模式下，承包商负责项目的设计和建造，并在项目建成后独立进行设施的运营，从运营中获得合理利润，合同期满后，资产运营权交回项目业主手中。DBO 模式下，项目的投融资是由项目业主负责，承包商仅需要负责项目的设计、建设和运营管理。相比 BOT 模式，DBO 模式下的承包商不需要负责项目的融资，承担的风险相对较小，承包商在没有融资压力的情况下，更能发挥其专业的技术力量和运营管理经验，能够让更多的技术性企业参与到竞争中。

针对单一模式在实际运行当中出现的诸多问题，研究者提出建立一种项目综合集成融资模式的建议。项目综合集成融资模式是指综合考虑 BOT、TOT、DBO 等融资模式的优缺点，根据项目的具体特点，通过各种融资模式的组合使用，达到项目融资风险最低、综合效益最大的目的；或者通过各种单一融资模式的结构重组，综合集成各种单一模式的优点，形成一种新的项目融资结构，该结构可以充分发挥原先各单一模式的优点，克服各单一模式的缺点，实现项目融资风险的最小化和综合效益的最大化（王艳伟等，2009）。

此外，在生态环境领域的政府和社会资本合作中，生态环境部于 2018 年首次提出了生态环境导向的开发模式（ecology-oriented development，EOD），并在 2020 年《关于推荐生态环境导向的开发模式试点项目的通知》中明确指出，EOD 模式是以生态文明思想为引领，以可持续发展为目标，以生态保护和环境治理为基础，以特色产业运营为支撑，以区域综合开发为载体，采取产业链延伸、联合经营、组合开发等方式，推动公益性较强、收益性差的生态环境治理项目与收益较好的关联产业有效融合，统筹推进，一体化实施，将生态环境治理带来的经济价值内部化，是一种创新性的项目组织实施方式。

1.3　共享经济理论基础

广义的共享，是指共同参与、共同分担的一种活动、组织、经济模式、制度或战略思想。共享在社会经济的发展过程中无时不在、无处不在，成为一种普遍的社会现象。《中共中央关于制定国民经济和社会发展第十三个五年规划的建议》指出，共享是中国特色社会主义的本质要求。必须坚持发展为了人民、发展依靠人民、发展成果由人民共享，作出更有效的制度安排，使全体人民在共建共享发展中有更多获得感，增强发展动力，增进人民团结，朝着共同富裕方向稳步前进。

关于共享经济，目前尚无统一定义，学者及业界对其均有着不同的认识和理解。除了最常见到的“共享经济”，还有“合作经济”“对等经济”“协同消费”“合作消费”“协作消费”“点对点经济”等表述，这些称谓分别来自不同时期的不同学者对共享经济的认识。综合已有文献，本书采用了董成惠（2016）给出的定义：

共享经济是人类社会发展到特定阶段，借用互联网平台，以共享使用权为目的的消费模式，当这种消费模式成为一种商业模式并推动社会经济的发展时，便可称之为共享经济。

共享经济属于“互联网+”经济模式的一种，是网络企业通过移动设备，利用网络支付、评价系统、全球定位系统（global positioning system，GPS）、基于位置服务（location based services，LBS）等网络技术手段，整合线下闲散物资或个人劳务，并以较低价格对供给方与需求方进行精准匹配，减少交易成本，从而实现“物尽其用”和“按需分配”的资源最优配置，达到供求双方收益最大化的一种经济模式。共享经济既像传统消费一样满足了人们的物质需求，又解决了人们对生态环境保护和资源配置不合理的忧虑，是我国经济改革转型、实现共享发展的重要路径（董成惠，2016）。

综合国外关于共享经济的已有研究，有交易成本理论、协同消费理论和多边平台理论三个常用的理论根源：依据交易成本理论，共享经济的本质在于降低交易成本，使原来不可交易的资源进入可交易的范围；依据协同消费理论，共享经济的出现，使得永久所有权不再是消费者欲望的最终表达形式，消费者可以通过部分所有权享受产品与服务，同时免于永久所有权的风险和麻烦；依据多边平台理论，共享经济平台公司作为服务提供方与使用者之间交易的组织者和中介者，能够帮助社会更有效地使用从前未被充分利用的资源，增加市场竞争力度，同时为消费者提供更多的选择，参与各方均从中获益。

1.3.1 交易成本理论

共享经济最直观的解释来自科斯的交易成本理论。科斯认为，由于交易成本太高，许多潜在的交易无法产生。因而，实现共享的前提在于降低交易成本，使原来不可交易的资源进入可交易的范围。有些资源虽然有供给也有需求，但是，由于信息不对称，搜寻成本、沟通成本、签约成本等太高，所以无法进入市场交易，只能闲置，而移动互联网的迅速发展大大降低了交易成本，使这些资源变为“可交易的”，从而产生规模庞大的共享经济。如科斯所说，交易费用的水平当然也受到技术因素的影响，一个例子是网络技术的发展对交易费用的影响。交易费用中的大部分是搜集信息的费用，而互联网的广泛应用降低了获取信息的成本后，也就降低了交易费用（卢现祥，2016）。

共享经济是通过共享平台来匹配供求双方从而降低交易成本，实现资源的最佳配置。这些共享平台既有市场的功能但又超出了传统的市场，它突破了传统市场的时空限制，这些共享经济平台公司并不直接拥有固定资产，而是利用移动设备、互联网支付等技术手段有效地将需求方和供给方进行最优匹配，通过促成交易，获得佣金，从而实现供求双方收益的最大化。

1.3.2　协同消费理论

协同消费是共享经济中的另一个理论解释。美国得克萨斯大学社会学教授马库斯·费尔森（Marcus Felson）和伊利诺伊大学社会学教授乔·L.斯派思（Joe L. Spaeth）于 1978 年发表的论文《社区结构与协作消费：一种常规的活动方法》中，以“协同消费”描述了一种新的生活消费方式，即多人共同参与在活动中消费商品或服务的方式，其主要特点是，包括一个由第三方创建的、以信息技术为基础的市场平台。这个第三方可以是商业机构、组织或者政府，个体通过第三方市场平台实现点对点直接的商品和服务交易（倪云华和虞仲轶，2016）。2010 年，雷切尔·博茨曼（Rachel Botsman）和路·罗杰斯（Roo Rodgers）在著作《我的就是你的：协同消费的崛起》中，将协同消费定义为基于产品和服务的分享、交换、交易或租赁，以取得所有权使用的一种经济模式（卢东等，2018）。依据消费者的消费方式，协同消费可划分为三种类型：产品服务系统、再分配市场和协同生活方式。产品服务系统是指人们共享企业提供的产品，消费者不占有产品的所有权，只为获得产品使用而付费；消费者与产品的关系从归属关系转变为使用关系，产品本身只是满足某种需求的选项。再分配市场指不需要的二手或废弃的物品重新分配给另一些需要的人，减少了社会资源的浪费。协同生活方式则指具有相同兴趣的群体相互分享或互换各自的时间、空间、技能或资金等虚拟资产，协同生活方式往往基于陌生人的信任来实现消费者间私人财产的分享，丰富了个体的人际关系和社会联系（卢东等，2018）。

在共享经济中，协同消费被认为是共享经济发展的需求基础。协同消费超越所有权，以部分使用权为支撑、以特定平台为中介来消费共享标的的产品和服务，而且无须永久持有所有权以及承担相关的义务。协同消费使得分散的、个性化的消费需求，可以通过相应的平台形成集聚效应，从而对没有所有权、注重使用权的产品和服务形成规模效应，使得闲置资源或者特定产品与服务供给（如租赁）成为成本收益可持续的商业模式。在产品和服务的使用效能上，协同消费比买断式消费要更具有优势（郑联盛，2017）。

1.3.3 多边平台理论

当某一市场中存在两个不同的群体通过平台产生联系，平台中一方群体的利益取决于另一方群体的规模，这样就形成了双边市场（张斌，2016）。多边平台理论是对双边市场概念的延伸和补充，当更多不同的消费群体通过平台进行直接交易时，这一平台就成了多边平台。在共享经济的发展过程中，平台公司作为服务提供方与使用者之间直接交易的组织者，形成了最初的双边市场，帮助更有效地使用从前未被充分利用的资源，增加市场竞争活力，同时为消费者提供更多的选择，随着第三方支付机构、物流企业、广告商等其他利益相关者的加入，逐渐形成多边市场平台（刘奕和夏杰长，2016），参与各方均可从中获益。

与传统双边市场类似的是，共享经济商业模式同样具有网络外部性，即市场的每一方均受益于其他人的存在；与此同时，由于非专业服务提供商的加入，共享经济市场更易受到个体异常行为的影响，向价值链末端转移风险的能力也更强，因而更加趋于低效。因此，为实现利润最大化，多边市场平台运营方应对非专业服务提供者收取低价格或者帮助非专业服务提供者进行更科学的定价决策，而城市管理部门在对专业和非专业服务的规制和收费上则应一视同仁（刘奕和夏杰长，2016）。

总体而言，共享经济可以通过以下几种方式为消费者和服务提供者创造价值：给予其他人使用闲置资产的机会，使得“闲置资本”能够得到更有效的利用；汇集多个卖家和买家，使得市场中的供给和需求方更有竞争力，并带来更广泛的专业化；降低搜寻成本、讨价还价和过程监控，使得交易成本降低、交易范围扩大；将过去消费者和服务提供者的评论呈现给新的市场参与者，使得供需双方的信息不对称问题得以有效解决。

第2章　流域水污染治理市场机制国际经验

经过了几十年甚至上百年的研究与实践历程，发达国家在流域水污染治理市场机制的创建和应用方面取得了一系列成果，通过排污收费、排污权交易、流域生态补偿、绿色金融等环境经济政策和政府专项资金、市政公债、政府与社会资本合作等投融资模式的应用，一方面解决了治理资金来源的问题，另一方面降低了治理成本，提升了水污染治理项目及设施的运行效率和专业化管理水平，提高了治理效果，其多年积累的市场机制经验值得借鉴和参考。

2.1 水污染治理环境经济政策

2.1.1 排污收费与污水处理收费

1. 排污收费情况

“污染者负担原则”是由经济合作与发展组织（Organization for Economic Co-operation and Development，OECD）最先提出来的，随后绝大多数成员国都采用了排污收费这一管理手段。实践证明，排污收费制度有效解决了水污染物排放私人成本与社会成本不一致的问题，通过改变价格信号来影响污染者的生产和消费行为，促使企业和个人减少污染排放。

不同国家根据各自的情况分别采取排污收费或排污收税形式。管理主体一般包括中央政府（税务部门）、地方政府（税务部门）、中央或地方的环境管理部门和水务部门等。税费的征收对象一般是包括从个人、家庭到不同规模企业的各类排污主体。

不同国家的排污收费目的大致包括收回成本型、提供刺激型和增加财政型三种，但这三种类型的环境保护税费并不是截然分开的，收回成本型收费也可能会有刺激效果或者增加财政收入；增加财政型收入也可能会有一部分和环境目标有关（邹晓元，2009）。

各国根据不同的征收基础进行税费计算：①根据废水排放总量和污染程度征收，如意大利、西班牙、美国等。其中，意大利按照直接向环境排放的废水和生活污水排放量征税；其他国家和地区根据废水不同污染程度适用不同税率，一般来说，工业废水的税率高于生活污水。②按照废水中污染物的排放量征收，如波兰、斯洛伐克、韩国、墨西哥、法国、捷克、丹麦、匈牙利等。③将废水量和污染物浓度折算成污染当量征收，如德国、荷兰等。在利用取水许可证、排污许可证等文件进行管理的国家，排污税费一般按照许可文件上规定的废水、污染物排放量进行征收，或在此基础上征收基本税费再按实际排放征收排污税费。在其他国家，按照实际排放情况进行征收则较为普遍。定额、阶梯式、定额与阶梯式两部制的征收方法也时有应用。费（税）率的调整则往往具有较为灵活多样的形式。总的说来，德国和荷兰的费（税）率在 OECD 国家中相对较高，但两国政府同时制定了完善的补贴计划，对符合条件的企业进行补贴，避免企业负担过重。

经过多年的实践以及在实践中的不断调整改进，排污收费制度已经在多个国家取得了不同程度的成功，总体上实现了政策设计的初始目标。

2. 污水处理收费情况

污水处理行业中同时存在公有和私营主体的现象在世界范围内相当普遍。私有化的主要方式是由公共部门将一部分实际业务以管理合同、租赁合同、政府与社会资本合作、特许经营、直接出售等方式转移给私营部门。BOT 模式或 DBO 模式等则是其中特许经营方式的具体运作模式。通常由公共部门对私营主体实行监管和考评。

已有研究发现，当污水处理费可以补偿相应的处理费用时，按排污量和污染物含量收费会产生明显的刺激效果。实践证明那些征收所有费用的国家污水处理系统更为完善，而那些依赖政府补贴的国家污水处理系统则远远落后（邹晓元，2009）。

与城镇供水收费的情形相近，污水处理费的收费通常存在单一费率、差别费率、两部制费率等。费率设定有基于水量和基于从价税等形式，大部分地区采取基于水量的计费方法，即污水处理费率为水量的函数。具体的计费方式与城镇供水收费相类似，包括固定收费（根据管道数、房间数、灌溉的草坪面积等）、单一费率、阶梯费率、季节性费率等。同时，部分地区考虑污水中的污染物负荷，并以此进行定价。

2.1.2　排污权交易

排污权交易源起美国的大气污染物排污权交易，之后被应用于水污染物的控制管理。1983 年起，美国开始执行以水质基准为依据的水污染物排放限制，排污许可手段开始逐步与市场手段相结合，这就是可交易的排污许可制度。2003 年，美国国家环境保护局（Environmental Protection Agency，EPA）发布《最终水质交易政策》，开始建立水污染方面的排污权交易体系。2004 年，美国 EPA 公布《水质交易评价手册》，这标志着美国水质交易政策的正式出台。2007 年，美国 EPA 又发布了《水质交易技术指南》，继续指导推动水污染物排放交易制度。一直以来，水污染物排放许可的法律体系与管理制度是美国点源水污染物排放控制的主要手段。

美国的排污权交易包括三种模式：排污削减信用（emission reduction credits，ERC）模式、总量-分配模式和非连续排污削减模式。ERC 模式指由污染源采取自愿措施使其排放的污染低于允许的排放量而产生的差值；总量-分配模式指政府用某种程序将有限的排放权发给污染者；非连续排污削减模式来源于采取某项控制排污行动前后实际的排污量差值。ERC 模式是美国排污权交易最初采取的模式，总量-分配模式从 20 世纪 90 年代开始成为排污权交易的主要趋势，这两种模式贯穿着美国二十多年来的排污权交易实践。非连续排污削减模式是最新的排污权交易模式，近些年才用于实践，它实质上是对 ERC 模式在增加灵活性上的改进（苏明等，2014）。

追求利润最大化是企业的目的，如果通过排污许可证交易可获得更多的利润，并且可以得到更多的政府优惠政策以及广大民众的支持，这对于任何企业而言都是好事。通过排污权交易制度的不断完善，尤其是价格机制的引入，可以有效刺激更多企业投资于环保产业，减少对环境的污染，同时有效降低污染物治理成本。由此可见，排污权交易制度不仅有利于推动企业投资于环保产业，也有利于推动污染物减排，还能有效降低企业和社会成本，这对于生态环境保护和恢复、社会发展都非常有意义。

根据美国《清洁水法案》的要求，美国 EPA 要求点源污染单位（企业）削减一半的污染排放量。最初，这些企业只被允许通过自己的技术减排，或者与其他企业进行点源之间的排污权交易。随后，政府部门发现，如果在同一流域控制范围内的企业能够与农场之间进行交易，那么总体上的减排成本将低得多，于是逐渐形成了农场与企业之间的排污权交易机制。根据美国 EPA 的估算，1997 年美国私有点源控制费用约 140 亿美元，公共点源控制费用约 340 亿美元，通过采用灵活的水质交易政策，每年可以节约近 9 亿美元的总量控制实施成本（李小平等，2006）。

1. 点源与点源交易

美国威斯康星州的福克斯（Fox）河上有 21 家排污者，其中 15 家为工业源、6 家为城市生活源，由于废水中的生物需氧量（biochemical oxygen demand，BOD）总量过高，使河流很长时间内处于厌氧状态。1981 年，威斯康星州自然资源部（WDNR）采取了 BOD 总量-分配模式，对各点源排污者实施严格限制，并允许点源之间在一定条件下开展排污权交易。由于当地交易市场狭小，而且多数工业源因为拟扩大生产而存储了多余的排污权，从而限制了交易的可能，仅在 1982 年发生过一笔排污权交易买卖，但它却开创了美国水污染物排放权交易的先例。二十世纪八九十年代，美国爱达荷州、俄勒冈州、明尼苏达州、康涅狄格州、马里兰州、科罗拉多州和北卡罗来纳州等都相继启动了水质交易的实验研究。到 2009 年为止，美国已有 12 个流域或水体进行过点源与点源排污许可交易的研究（包括实现环境目标的最低费用途径研究），这些案例大多是针对控制 BOD 排放的（李云生等，2009）。

2. 点源与非点源之间的排污权交易案例

案例（1）：美国科罗拉多州 Dillon 湖流域磷污染控制

位于科罗拉多州的 Dillon 湖水库是丹佛地区的饮用水水源，同时该地区以滑雪、旅游和其他娱乐项目吸引游客，旅游业是该地区支柱产业。20 世纪 80 年代，由于过量的磷排放，Dillon 湖水质受到了污染，影响该地区的经济发展。1982 年，该地区设立了排入 Dillon 湖的磷容量的总量限制，这一排放总量被分配到该地区的点污染源，主要是四家污水处理厂。两年以后，该州水质量管理委员会批准了一项创新计划，允许点污染源增加磷的排放，条件是必须减少非点污染源排入 Dillon 湖的磷容量。研究认为，采用氧化塘控制城市径流就可去除 70%的非点源磷，且去除每磅（1 磅，即 1lb≈0.454kg）磷只需 67 美元，仅为污水处理厂升级处理费用的 1/12。按照不同的交易比率进行排污权交易，如果四个污水处理厂（点源）以 1：2 的比例削减 51%的非点源磷，每年可节约 75 万美元；以 1：3 的比例，每年仍可节约 42 万美元。1997 年，一家加拿大公司在 Dillon 湖地区开设了娱乐场所，这大大增加该地区的磷排放，而且极有可能突破磷排放的总量控制。在采取了尽可能的减污措施以后，仍有 40lb 的超标磷排放。因为无法从固定污染源处获得排污信用，该公司只能向面污染源寻求排污削减，由于存在交易比率，因此要求面污染削减 80lb 的排污。该公司采用的办法是为 80 户家庭每户安装一套下水道污水处理设备，这样就可以解决排污限制的问题。这一项目在 1999 年完成，这也是 Dillon 湖地区 20 年来首例排污权交易（苏明等，2014）。

从这一交易实践可以看出，通过排污权的交易，一方面能够有效地解决环境问题，另一方面能为企业节约污染处理费用，这其实是企业变相地投资于环保事业、发展环保产业的一种手段。所以说，美国的排污权交易在一定程度上为企业投资于环保产业提供了思路。

案例（2）：美国明尼苏达州的一个制糖厂和甜菜种植者之间的交易

2000～2001年，制糖厂与100名农场主签订了点源—农业面源排污权交易协定。这100名农户在其所拥有的7258 hm^2土地上采用覆盖耕种的方式降低污染物排放，经过计算，这样可以削减的磷排放量为0.36 kg/ hm^2。在交易之前，当地市政处理磷的费用最高达到40美元/kg；进行排污权交易之后，企业支付给农民的交易价格仅为13.72美元/kg，成本比直接进行市政处理的费用要少很多。而对于农民来说，虽然采用覆盖耕种也付出了经济代价，但一来可以获得企业的付费，二来还可以有效防止甜菜因风吹造成的损失，综合收益得到了提升（Fang et al.，2005）。排污权交易的理论设计无疑是有效的。市场机制的引入比传统的行政命令系统更加有效，整体降低了社会治理污染的成本，提升了治理效率。同时无论是企业还是农民，都能够产生正向的激励。

3. 排污权质押贷款

在美国，排污权作为银行发放贷款的质押标的物的情况较少，其大多是银行发放贷款的前提。例如，在美国如果要兴建新的电厂，政府并不无偿给予其新的排污权，新建企业必须到排污权交易市场上去购买足够多的排污权，这样才有了新建电厂的一个前提条件，银行才有可能给新建电厂发放贷款。然后，新建电厂可以将其所购得的排污权（排污许可证）质押给银行，从银行处贷款兴建脱硫设备，当脱硫设备正常运行后，电厂即可将质押给银行的排污权（排污许可证）出售，将所得款项偿还银行贷款。

基于排污权交易的主要金融产品有两种，即排污权期货市场中的期权和针对电厂的脱硫设备的保险。首先，以芝加哥气候交易所（Chicago Climate Exchange，CCX）创立的期权为例，电厂可以以现在交易系统中所显示的价格购买若干月后的排污权，其实电厂并不是真正从另外一家电厂手中购买了排污权，而是通过金融中介机构购买了在规定时间购买这种排污权的一种选择权利。其次，针对电厂脱硫设备的保险，当一个电厂安装脱硫设备时，其会为脱硫设备能够正常工作购买一个保险，万一脱硫设备不能正常工作，或者脱硫效果未能达到预期的处理效果，那么电厂将会面临影响正常生产或巨额罚款等比较严重的后果，所以电厂会在脱硫设备安装时购买保险，以便在出现上述设备不能正常运转的情况时，降低自己的风险和损失。而针对保险公司而言，当投保的脱硫设备出现异常情况时，其会补偿给投保电厂一定的排污权（排污许可证），而不是资金，从而保证电厂能够正常生产。

2.1.3　流域生态补偿

与我国流域生态补偿相近的概念，在国际上一般称为环境服务付费或者生态系统服务付费。国际上存在两种补偿模式，即市场补偿和政府补偿，国外的生态补偿以市场补偿为主，靠市场化手段来解决流域污染治理的投融资问题已经是大势所趋。

1. 市场补偿

市场补偿主要有市场贸易、一对一补偿、生态标记等形式。

（1）市场贸易。市场贸易也叫开放式贸易，是在生态系统服务能够被标准化为可计量的、可分割的商品形式的前提下的一种交易，适用于生态系统服务市场买方和卖方数量较多或者不确定的情况。

案例（1）：哥斯达黎加流域生态保护市场补偿

埃雷迪亚市位于哥斯达黎加首都圣何塞西北 12km 处，是哥斯达黎加最小的省份埃雷迪亚省的首府。埃雷迪亚市的饮用水由上游 5 个子流域组成的水源地提供。多年来,城市居民已逐渐认识到水源地保护在维护城市饮用水安全方面的重要作用。2000 年 3 月起，当地自来水公司倡议开展流域生态补偿项目，该市的自来水用户在每月水费中要额外支付 0.3 美元/m^3，直接拨付给上游布劳略卡里国家公园和私有地主，用于上游水源地森林经营，以涵养保护地水源。参与项目的上游土地所有者，每年可收到来自下游所支付的 210 美元/ hm^2。该价格代表了上游水源地土地利用的机会成本（主要指奶牛场和草场）。截至 2011 年，自来水公司补偿项目基于自愿原则，共覆盖了上游水源区的 1191 hm^2 公有和私有林地。一些重要企业，如饮料厂商 Florida Ice&Farm Company（FIFCO）也积极参与项目，提供捐赠以支付其在上游生产基地开展流域保护。它的捐赠主要通过向自来水公司提供配套资金，支付在一个子流域开展水源地保护 55%的费用，该子流域目前有 311 hm^2 水源地得到保护。

上述由埃雷迪亚自来水终端用户向上游国家公园和土地所有者提供补偿、开展森林保护的机制，符合基于社会公正和受益者付费的原则。这个项目在管理上是完全独立的，在财务上也能够自给自足，它的运行不依赖于任何政府和国际援助，树立了可持续生态补偿的典范[①]。

① 李皓，申倩倩. 2015. 生态补偿如何做到可持续？（世界脉动）. 中国绿色时报.

案例（2）：澳大利亚新南威尔士州环境服务投资基金

由于地下水位升高，澳大利亚新南威尔士州大片地区土地盐化加剧，并导致土壤植被退化。为应对这一生态环境问题，新南威尔士州政府建立了“河水出境盐度总量控制”计划，并实施“排盐许可证”交易制度。“排盐许可证”制度允许排盐者购买“减盐”信用，该“减盐”信用是由其他土地所有者因采取措施（如植树）减少了排盐量而获得的。这样一来，因植树而有效地控制了土地和河水盐化的农场主，就可以出售自己的“减盐”信用，从而获得回报。新南威尔士州为了管理“减盐”信用交易，成立了环境服务投资基金会，该基金会充当“减盐”信用交易所的作用。该基金会从减排盐分的农场主那里购买“减盐”信用（采取措施控制盐化的农场主获得收益回报），同时向买主出售该“减盐”信用，“减盐”信用出售采用拍卖的形式（靳乐山等，2007）。

（2）一对一补偿。一对一补偿又称私人交易，是一种自发组织的市场补偿，生态服务的受益方和支付方之间进行直接交易，特点是交易双方都较少且比较确定，通过谈判或者中介确定交易的条件和价格。

案例（3）：美国纽约市与上游 Catskills 流域的清洁供水交易

20 世纪 90 年代初，纽约市饮用水已无法达到美国 EPA 制定的水质标准，需要投资 60 亿～80 亿美元建造饮用水过滤净化设施，另外每年的营运成本约为 3 亿美元，这给财政带来巨大的负担。经过调查，纽约市约 90%的用水来自上游 Catskills 河和 Delaware 河，污水排放及农用化肥和农药致使那里的土壤失去天然过滤能力。而通过改善流域内土地利用和生产方式，使 Catskills 河的水质达标，仅需向 Catskills 流域投入 10 亿～15 亿美元。于是，纽约市决定通过投资购买上游 Catskills 流域的生态环境服务。水务局通过协商确定流域上下游水资源与水环境保护的责任与补偿标准，通过对水用户征收附加税、发行纽约市公债、信托基金等方式筹集资金，用来补偿上游地区的生态环境保护主体，激励他们采用环境友好的生产方式，从根本上改善了 Catskills 流域的水质（胡苏萍和赵亦恺，2019）。

案例（4）：法国毕雷矿泉水公司为保持水质的付费机制

法国毕雷矿泉水公司（简称毕雷）是法国最大的瓶装矿泉水生产厂商。20 世纪 80 年代，位于法国东北部的 Rhin-Meuse 流域水质受到当地农民大量农业活动的威胁。

依赖该地区清洁水源制作天然矿泉水的公司不得不做出选择，设立过滤工厂、迁移到新的水源地或保护该地区水源。位于该地区的毕雷认为，保护水源是最为节约成本的选择，于是投资约 900 万美元购买了流域上游水源区 1500 hm^2 水源地附近的土地。随后，毕雷采取了创新性的举措，将其手中的土地使用权给予其之前的拥有者，并提供相应的指导，用以畜牧业生产。毕雷同时与 40 名农场主签订了 18～30 年的长期合同，覆盖了多达 10000 hm^2 的牧场。合约中规定，牧场必须运用更加环保的农场技术，而毕雷会以每年 230 美元/ hm^2 的价格给予农场主连续七年的补偿，用以平衡其机会成本的损失（陈微，2014）。

（3）生态标记。生态标记是对生态环境服务的间接支付方式。当消费者愿意以高一点的价格购买经过认证的、以环境友好方式生产出来的产品时，那么消费者便间接地购买了生态环境服务。

据市场调查机构“有机观察”（organic monitor）估计，自 1999 年到 2013 年，全球有机农产品的市场规模由 152 亿美元增加到 720 亿美元①。据估算，美国消费者愿意以每磅咖啡多花费 0.5～1 美元来购买经认证是以环境友好方式生产的咖啡；在瑞典带有绿色标签的电能比普通价格高 5%左右，消费者通过一种值得信赖的认证体系来购买生态环境服务（张惠远和刘桂环，2009）。

2. 政府补偿

公共支付是一种政府提供项目基金和直接投资的补偿支付方式。由于生态系统服务的公共物品属性，这种政府补偿方式最为普遍。

案例（1）：巴西巴拉那州生态补偿基金

巴西的州级税收“商品和服务流通税”（ICMS）的 75%依据各地经济活动的财政附加值实行分配，造成经济发展较快、人口密度较大的地区可能比拥有大面积保护区的地区获得更多的资金，这一分配机制影响了各地对保护林地的积极性。巴拉那州议会通过了一项法律，要求从 ICMS 收入中拿出 5%的资金作为“生态 ICMS”，根据环境标准进行再分配，其中 2.5%分配给有保护单元或保护区的区域，另外 2.5%分配给那些拥有水源区域的地区，以鼓励保护林地的活动（周映华，2008）。

① The World of Organic Agriculture — Statistics and Emerging Trends (Session at the BIOFACH 2015).

案例（2）：墨西哥水文环境服务支付项目

水资源短缺和森林砍伐是墨西哥面临的最重要的环境挑战，墨西哥水文环境服务支付项目（PSAH）把流域和蓄水层保护确定为生态系统服务目标。该计划于2003年由墨西哥环境部以及森林和水资源委员会启动，在商业性林业无法与农业和畜牧业抗衡的地区，政府向林地所有者提供经济补偿，以激励他们保护现有林区。至2005年，已有60万hm^2国家优先保护区加入该计划。补偿资金来源于用户缴纳的水费，其中近1800万美元被指定用于支付环境服务，从而在环境服务受益者与提供者之间建立了联系。PSAH 计划较好地体现了公平的原则，如果仅靠法律禁止改变土地利用，是可以降低森林砍伐率，但同时也会使穷人失去更好的创收机会，而PSAH计划较好地解决了这个矛盾（胡苏萍和赵亦恺，2019）。

2.1.4 绿色金融

发展绿色金融的根本目的是利用金融工具来更好地实现经济和环境的协调发展。支持绿色产业发展，减少污染物排放是其中重要的组成内容。国外政府和金融机构在这方面进行了大量的理论研究和实践探索，积累了丰富经验，建立了包括绿色信贷、绿色债券、绿色基金、绿色保险、绿色信托等在内的较为完善的绿色金融体系。

美国银行体系提供的绿色信贷是其新能源产业融资的重要渠道。美国绿色信贷的成功发展得益于完善的法律基础。政府通过各项激励政策，引导企业节能减排，主要有税收政策和财政政策以及信贷担保与援助机制。日本制定了一系列扶持新能源和节能环保的政策法规，促进了日本绿色信贷的发展。德国是欧洲最早实施绿色信贷政策的国家之一。“赤道原则”是德国银行业普遍遵循的重要信贷准则，在项目授信审批时，银行业严格按照“赤道原则”对项目进行社会和环境评估并提出解决方案（蒋先玲和张庆波，2017）。

随着各国对环境问题以及经济可持续发展的重视，绿色基金在美国、日本和欧洲等发达国家和地区得到了较大发展。绿色基金在不同国家由于金融体系的不同，具体表现形式也不同。在日本，绿色基金的发行主体以企业为主，而在欧洲和美国以机构投资者为主。

绿色保险即环境污染责任保险制度，起源于工业化国家，是通过社会化途径解决环境损害赔偿责任问题的主要手段之一。随着近年来全球环境问题日益加剧和污染事故频发，发达国家的环境污染责任保险逐步向强制保险方式发展，保险范围重点集中于存在重大环境风险的企业，范围逐渐扩大，所定的保险费率和赔付限额也日趋合理科学。国际经验表明，实施环境污染责任保险是维护污染受害者合法权益、提高防范环境风险的有效手段。

将信托与环保投资融为一体的形式，早已被一些发达国家和地区的资本市场所采用，并收到良好成效。英国每年要向泰晤士河排入 16.8 亿 m^3 污水，污水治理需要庞大的投入，而单从财政上拨款会有较大困难，为此，英国政府利用信托投资筹措到了这笔资金，为本国污水治理和河流整治提供了保证（陈雪萍，2006）。

融资租赁于 20 世纪 50 年代初产生于美国，1952 年美国国际租赁公司成立，开创了现代租赁的先河。目前全球已有 80 多个国家开展了融资租赁业务，当前，融资租赁与银行信贷、证券并驾齐驱，成为经济发达国家的三大金融工具，并已成为仅次于银行信贷的第二大融资方式。在美国，融资租赁在航运、建筑、电气、汽车、房产、医疗设备等行业已占据 60%以上的市场份额（李瑞玲等，2016）。

2.2 水污染治理典型投融资机制

2.2.1 政府专项投资

1. 美国超级基金经验

美国对于污染场地的修复资金主要来自联邦政府的财政收入（超级基金），资金的使用仅限于污染场地的修复，使用范围和领域有明确界定，具有“专项资金”的典型特征。

20 世纪后半叶，美国经济和工业重心经历了从城市到郊区、由北向南、由东向西的转移，许多企业在搬迁后留下了大量的“棕色地块”，这些遗址在不同程度上被工业废物所污染，这些污染地点的土壤和水体中有害物质含量较高，对人体健康和生态环境造成了严重威胁。为了应对危险废物泄漏造成的严重后果，美国国会于 1980 年通过了《综合环境反应、补偿和责任法》，又称《超级基金法案》。该法案为政府处理环境污染紧急状况和治理重点危险废物设施提供了财政支持，对危险物质泄漏的紧急反应以及治理危险废物处置设施的行动、责任和补偿问题做出了规定。

超级基金制度还为可能对人体健康和环境造成重大损害的场地建立了“国家优先名录”（National Priorities List，NPL），该名录定期更新，每年至少更新 1 次，目前每年更新2次。为保障超级基金制度的实施，又补充制定了一系列配套行动计划以强化和促进该制度的实施，其中最重要的是1986年的《超级基金法案的补充与再授权》。

超级基金的资金来源主要有：从1980年起对石油和42种化工原料征收的原料税；从1986年起对公司收入征收的环境保护税；一般财政中的拨款；对与危险废物处置相关的环境损害负有责任的公司及个人追回的费用；其他如基金利息以及对不愿承担相关环境责任的公司及个人的罚款。

《超级基金法案》中对危险物质超级基金的使用范围进行了详细的规定，大体上可以分为如下几类：政府采取应对危险物质行动所需要的费用；任何其他个人为实施国家应急计划所支付的必要费用；对申请人无法通过其他行政和诉讼方式从责任方处得到救济的、危险物质排放所造成的自然资源损害进行补偿；对危险物质造成损害进行评估，开展相应调查研究项目，公众申请调查泄漏，对地方政府进行补偿以及进行奖励等一系列活动所需要的费用；对公众参与技术性支持的资助；对1～3个不同的大都市地区中污染最为严重的土壤进行试验性的恢复或清除行动所需要的费用。

超级基金项目永久性治理了近900个列于“国家优先名录”上的危险废物设施，处理了7000多起紧急事件。该项目的实施为保证人体健康，降低环境风险，并为受污染土地的重新使用提供了可能。超级基金项目自身也一直在发展，如近年来将棕色地带复兴计划纳入超级基金项目，对不包含在“清除”或“救助”治理行动考虑对象范围内的，污染较轻的不动产的治理进行资助，从而提高资金的利用效率和充分实现了土地的再利用。

2. 美国周转基金的运作经验

美国在水环境保护方面除了从资金、政策等方面给予支持外，财政预算资金还引入了市场运行机制，以周转基金的形式发放用于水环境保护项目，较好地实现了资金的自动积累，其中运作最为成功的就是国家清洁用水周转基金（Clean Water State Revolving Fund，CWSRF）和国家安全饮用水周转基金（Drinking Water Safe Revolving Fund，DWSRF），两者统称为“国家周转基金”（State Revolving Fund，SRF），主要用来资助实施污水处理以及相关的环保项目。

1987年颁布的《清洁水法案》（修正案）提出要在水环境保护资金管理方面实施新的财政运作方式，国家清洁用水周转基金正是在这一背景下产生的，它仅为“基建类”的支出提供支持，如建设污水处理厂、植树、购买设备，但并不负责污水处理厂的雇工工资等日常运营开支。该基金在设计贷款时，以本金加利润的形式回收贷款，把联邦资金、各州资金和其他项目的资金融合在一起，向符合标准的水环境保护项目提供低息贷款。其中，资本金由联邦政府和各州政府按 1 : 5 的比例配套提供，基金贷款收益作为基金总额的增值部分加以循环使用。各州在使用该基金时具有相当大的选择权，它们可以选择采用贷款、融资、提供担保、购买债券等多种使用方式，同时各州还可以设定不同的贷款期限、利率标准（从零利率到市场利率不等）和还款期限（最长还款期 20 年）。针对部分人口较少、还款能力有限的地区，为了保障其获得公平的基金申请机会，由其所属州为这些地区提供利率补贴。

1974 年美国国会通过《安全饮用水法案》（后于 1986 年和 1996 年两次进行修订），首次明确提出要保障饮用水的安全问题，1996 年的修正案中提出了创设国家安全饮用水周转基金，以保障公共健康。国家安全饮用水周转基金的具体使用流程是：国会批准年度国家安全饮用水周转基金的预算后，由美国 EPA 按年度向各州分配国家安全饮用水周转基金，各州将所获基金金额以发放低息贷款的方式投资到各种水环境保护项目中。

周转基金的前身是“水处理构筑物贷款”，通过“水处理构筑物贷款”发放贷款时，资金的回收只有本金及利息；后设立周转基金为特定部门或计划提供贷款时，资金则以本金加利润的形式回收。而这一转变，使得周转资金自建立并资本化以来，资金积累成倍增长，很好地发挥了水污染治理的融资作用。

周转基金的初始资金通常来自联邦政府和州政府，这些资金作为低息或者无息贷款，提供给那些重要的污水处理以及相关的环保项目。项目取得收益后，所偿还的贷款、利息、利润再次进入周转基金用于支持新的项目。自 1987 年成立以来，截至目前，周转基金已经累积资助清洁水项目超过 680 亿美元，提供贷款 22700 余项。近年来，周转基金年平均贷款额均超过 50 亿美元，其相应的利息也有相当规模，为环保项目提供了良好的资助（苏明等，2014）。

在管理体制上，周转基金也会面临贷款流失的潜在风险。因此，各州根据本州的实际情况建立各州周转基金的运作机制，并进行不同的改革和尝试。为了扩大基金量，在 50 个设立周转基金的州中，有 34 个州还通过发行“平衡债券”（用周转基金中的 1 美元作担保发行 2 美元的债券），使其周转基金的可使用资金共增加了 44 亿美元。发行公债收入再次进入周转基金。这些周转基金的公债发行和良好表现都受到了美国专业评估机构的充分认可。

与其他基金不同的是，周转基金的运作与当地银行密切合作。例如，当地的农场主在当地银行设有账户，周转基金与这些银行签订协议，由周转基金向这些银行注资并由银行把这些资金贷给指定项目；同时，协议还规定银行向周转基金支付的利息要低于当时市场上的利率，而且农场主所获得贷款的利率也要低于当时市场上其他银行的利率。这种运作机制使银行管理所有的贷款业务，并且承担所有可能发生的商业风险。这样使得政府部门降低了管理基金时所需的费用。

总之，美国的周转基金计划对于保护水环境确实起了很重要的作用。面对越来越严峻的挑战，各州也在不断地对周转基金的运作和机制进行改革和完善，使该基金能够发挥更大的作用。

2.2.2 市政公债

1. 美国市政公债

美国市政公债市场是在19世纪20年代作为基础设施建设的融资中介发展起来的，地方政府通过市政公债的融资形式介入基础设施建设领域。经过100多年的发展，市政公债已经成为美国地方政府及其代理机构的重要融资手段，其债券被运用到路桥、港口、机场、供水、公共设施、用水、用电、开发和环保等各个方面，而且每一项债券都有专项用途，不得挪为他用。

美国市政公债的发行主体包括政府、政府机构（含代理或授权机构）和以债券使用机构出现的直接发行体，其中州、县、市政府占50%，政府机构约占47%，债券使用机构约占3%。发行的市政公债既有短期融资债券，也有长期债券，其中80%以上的市政公债为期限长于13个月的长期债券。涵盖了教育、交通、公用事业、福利事业、产业补贴以及其他项目。

在美国，市政公债市场的主要投资者包括个人、货币市场基金、共同基金、保险公司、商业银行及财产和灾害保险公司等。个人投资者可以直接或通过共同基金及单位信托购买市政公债。由于税收政策的调整，个人投资者已成为最大的市政公债的持有者。

美国市政公债的风险防范做得非常成功，主要表现在以下几个方面：①严格限制举债权和举债规模。②设置专门的监管机构，国会根据1975年《证券法修正案》组建了市政公债规则制定委员会，负责提出监管方案，全面监管市政公债市场。③广泛发挥社会的监督力量。④建立清晰明确的责任体系，许多政府（授权）机构是名义上和法律意义上的债券发行人，但只要最终用款者是企业，就一定要由企业负责还款。政府机构要保证筹集的各种债券资金专款专用，各用款单位要负责偿付自己的债券。⑤建立市政公债信用评级制度。⑥建立信息披露制度，20 世纪 70 年代，市政财务官协会（Municipal Finance Officers Association，MFOA）制定的债券披露指引促进了市政债券信息披露的完善，市政债券规则制定委员会（Municipal Securities Rulemaking Board，MSRB）创建了市政债券信息披露电子系统（Electronic Municipal Market Access，EMMA）数据库，后来该数据库成为美国证券交易委员会制定的执政债券数据和信息披露的官方平台。⑦建立债券保险制度。这些风险防范措施的应用对我国地方政府债券的健康发展，具有重要的借鉴意义。

美国地方政府发行市政公债的偿还资金有两种来源：发债资金投入项目的收益和税收收入。具有一定收益的项目可以依靠项目收益来偿还，“收益债券”就是以此为依据而设计的制度安排。而投资于非营利项目的债务，即一般责任债券的偿还则主要依靠政府的税收收入。

2. 日本市政公债

日本的市政公债也被称作公社债，是对所有发行者发行的各类债券的总称。包括由公共部门即国家、地方公共团体或政府机构发行的公债和由民间的股份公司发行的社债（即公司债券）。

日本市政公债的发行方式主要有两种：证书借款和发行债券。证书借款是指地方政府以借款收据的形式筹借资金；发行债券的方式又包括三种：招募、销售和交付公债。日本市政公债的资金主要来源于政府资金、公营企业金融公库资金、银行资金和其他资金。其中政府资金和公共性质的公库资金比重高，是日本地方政府市政公债认购资金的一大特点。

日本《地方公债法》明确规定了地方公债的用途，该法在规定“地方政府的财政支出必须以地方公债以外的收入作为财源”的平衡预算的原则基础上，规定“某些支出可以以抵发公债作为财源”。“某些支出”原则上是指建设性支出，即只要该支出的行政效果涉及将来，而且居民在以后年度中能够受益，就可以通过借款筹资。从日本的实践情况来看，地方公债资金一般用于以下各项事业：交通、煤气和水道等公营企业所需经费；对地方公营企业提供的资本金和贷款；灾害紧急事业费、灾害后的生产恢复事业费和灾害救济事业费等。

日本市政公债除建设公债的原则要求外，中央政府还对市政公债发行实行计划管理。第二次世界大战以后日本中央政府（主要是大藏省[①]和自治省[②]）每年都编制市政

① 2001 年，日本中央省厅重新编制，大藏省改制为财务省和金融厅。

② 2001 年，日本中央省厅重新编制，自治省与邮政省、总务厅等合并为总务省。

公债计划，主要内容包括市政公债发行总额、发行用途、各发行方式的发债额等。对各地方政府发行市政公债实行协议审批制度。各地方政府要发行公债必须向自治省上报计划，经自治大臣批准后方可发债。自治大臣批准时，要与大藏大臣协议，听取大藏大臣的意见，所以称为协议审批制度。

市政公债计划与协议审批制度相互配合，构成了日本严密的市政公债管理制度。通过市政公债计划，中央政府对每一年度市政公债的总规模及各种债券的发行额度进行管理，既防止市政公债的膨胀，又可以指导市政公债资金的用途。通过协议审批制度，具体落实各个地方政府的发行额，不仅可以防止市政公债发行突破中央计划，而且通过协议审批过程，强化了中央与地方财政的联系和中央对地方财政的指导，一衣带水的邻邦经验可以带给我们更多启示。

2.2.3 政府与社会资本合作（PPP）

1. 土耳其 BOT 融资模式

BOT 模式是由土耳其时任总理厄扎尔在 20 世纪 80 年代提出的一种项目融资方式，该模式被首先用于土耳其的污水处理设施建设和运营。经过长期调研和谈判，1995 年土耳其政府与企业集团签订了为期 15 年的 BOT 合同，用于建造一座污水处理设施。该项目是典型的 BOT 模式，以英国泰晤士水务公司为主的企业集团负责项目的投资、建造以及后期的运营和管理，合同期限内，私营部门拥有设施的所有权，合同到期后，该污水处理设施无偿交还给土耳其政府。为了保证私营部门回收成本获得利润，在合同中规定了污水处理厂的最低回报率，如果资金回报率低于规定额，当地政府需给予污水处理厂一定的补贴，如果当地政府无此能力，则由土耳其中央政府代替执行，以降低项目的运营风险。此后，在土耳其政府成功应用 BOT 模式的经验基础上，世界上许多发展中国家纷纷效仿引进私营部门参与污水处理设施建设和运营，在实践中取得了良好的效益（邓志娟，2008）。

2. 英国私人主动融资模式

英国是全球范围内最早实施 PPP 的国家之一，英国 PPP 的主要形式是私人主动融资（private finance initiative，PFI）。PFI 是公共部门基于一项长期协议以合同的方式从私人部门购买高质量的服务，包括双方协定的交付成果、相应的维护维修或者建设必要的基础设施（佘渝娟和叶晓甦，2010）。该方式的实质就是政府与私营部门合作实现水务行业的私有化，由私营部门提供特定的政府公共物品或公共服务，政府直接向私营部门支付费用购买产品或服务，或者授予私营部门收费特许权。

英国在 1986 年提出水务行业私有化的设计蓝图，并在 1989 年全面完成私有化过程。通过企业重组和资本运作，英国政府在推动 PFI 的过程中最终获益 53 亿英镑。在推动水务行业高度市场化运行的同时，政府对于市场监管也作了精心的制度设计，合理布局市场结构，明确市场主体权利和责任，为实施有效监管提供依据和基础。一是通过法律对供水企业的权利义务加以明确，要求供水者必须满足用户对于水质和水量的要求。除了环境部大臣任命的监察官有权检测水质外，地方政府有权获知辖区内的水质情况报告。二是通过许可证制度来限定供水企业的经营权，明确界定水务企业的经营范围，具体规定其权利、义务与责任。三是最大限度引入竞争制度，防止出现行业垄断，保持水价在合理的区间运行。

3. 法国特许经营模式

在法国，城市污水处理设施的所有权为政府，政府通过出让“特许经营权”的方式将污水处理设施的建设、运营权承包给企业，承包商由此可获得 20～30 年的经营权。政府拥有设施，私营企业提供服务，水务行业的资产所有权和运营责任得以清晰划分。运营企业间的竞争和特许经营合同约束减少了行业内建立经济监管的必要性，竞争的结果也使得法国的私营水务公司有很强的竞争力，并在全世界范围内获得了较大成功（李希涓，2007）。法国的特许经营模式可以分为三种形式：一是拥有特许经营权的企业承担全部风险，自负盈亏。二是政府与承租企业共担风险，其中政府承担原有投资风险，企业承担技术风险和自有资金的风险，这种形式有效降低了承租企业的风险，相对有利于鼓励私人企业参与公共基础设施建设的积极性。三是承租企业承担有限风险，这种形式的特许经营主要应用于收益较低的公共基础设施，由于收入低，无法满足承租企业的运营要求，于是政府将采取财政拨款的形式支持此类设施的运营，从而企业只承担了有限的风险（王卓然，2010）。

4. 加拿大模式

近年来 PPP 在加拿大稳步发展，无论是从市场活跃度还是发展模式看，都处于国际领先水平。PPP 最初在加拿大的发展主要是以不列颠哥伦比亚、亚伯达、安大略和魁北克为代表的省一级政府在推动，经过多年的摸索和经验积累，形成了独具特色的加拿大模式。由于教育、交通、医疗主要是省一级政府在分管，因此最初的 PPP 也主要是这些领域在采用。

与英国为缓解财政约束而引入私人资金不同，加拿大政府从一开始就出资参与项目。2008 年，政府设立“PPP 基金”和加拿大 PPP 局（PPP Canada），由后者负责协调基金的使用。通过五轮项目征集，加拿大 PPP 局将全部 12.5 亿加元的基金投资于 20 个项目，并撬动 60 多亿加元的私人资金，使 PPP 在全国逐步推广。2013 年，政府设立新的“建设加拿大基金”，计划在未来 10 年调动 140 亿加元用于支持各级政府的基础设施建设，以促进经济增长、创造就业和提高生产率。此举进一步提振了地方政府参与 PPP 项目的热情，保证了不断有新的参与者加入到 PPP 市场中，也加大了对私营部门的吸引力。根据加拿大 PPP 委员会（Canadian Council for Public-Private Partnerships，CCPPP）数据库统计，截至 2020 年 6 月，加拿大累计在库项目 290 个，总规模 1393.53 亿加元（庞德良和刘琨，2021）。

2013 年 12 月，CCPPP 发布了《加拿大 PPP 十年经济影响评估报告（2003—2012 年）》，对 2003～2012 年加拿大 PPP 项目的经济绩效进行了评估，结论是 PPP 的实施极大地促进了加拿大的经济发展、就业创造与居民福利。此外，这 10 年间，PPP 项目还帮助公共部门节约了 99 亿美元，并为联邦和地方政府创造了 75 亿美元税收。在 2015 年发布的白皮书中，CCPPP 将 PPP 在加拿大的成功归结为四个关键因素：一是稳定的项目储备；二是高效的招标流程；三是多元的融资来源；四是有利的政治环境（刘晓凯和张明，2015）。

2.3 典型国家水污染治理投融资经验

2.3.1 美国的投融资模式

20 世纪 50 年代之前，美国饮用水和污水处理基础设施建设的投资几乎全部来自地方政府或私营部门。1956 年《水污染控制法修正案》明确联邦政府通过拨款等方式负担市政污水处理建设费用的 55%。1972 年，美国联邦政府在《清洁水法案》（修订案）中加入“污水拨款计划”（美国把公共污水处理设施、下水道和流域水环境整治统称为“清洁水领域”），污水处理设施建设费用的联邦资助比例由原来的 55%提高到 75%。1981 年的《市政污水处理建设基金修正案》对市政污水处理的联邦资助比例调减为 55%。1990 年，根据《清洁水法案》（1987 年）的修订，美国国会决定停止大部分建设拨款项目，由“清洁水州立周转基金”提供贷款。州政府以清洁水州立滚动基金为支持可发行杠杆债券，市政当局也可以发行市政债券。

目前，美国流域水污染治理的资金筹集主要有以下几种方式。

（1）联邦和州政府的财政支持。联邦政府对水污染治理的支出（包括对清洁水项目的支出）都是来自公共财政预算（主要是个人所得税）。联邦政府通过建立“国家周转基金”，对污水治理项目进行转移支付，支持推动水污染治理和水环境保护事业发展。除联邦政府之外，州政府与地方政府也对水污染治理进行资助。美国各州政府对市政污水处理的最大投入是“清洁水州立周转基金”配套投入，平均每年约 3 亿美元。此外，各州还根据实际情况设立污水处理资助计划，如纽约州为了保护其北部的大湖地区水质，在不同的地区和州政府机构设立了多种资助计划。各州政府公共财政资金每年对清洁水建设项目的转移支付总量平均在 7 亿美元左右，约占全美在这方面投资总量的 5%。地方政府从公共预算中拿出部分资金作为环保项目的前期准备资金和开工经费，一般占项目建设总投资的 2%～5%。

（2）发行市政债券。美国地方政府可以发行用于市政基础设施建设的公债，投资收益无须缴纳所得税，融资成本低于私有公司融资。作为一种迅速有效的融资手段，市政债券为美国城市化发展做出了很大的贡献。近年来，在饮用水和污水处理两个领域，其项目建设资金约 85%是来自市政债券融资。但污水处理厂建设方面，这一方式融资则只占到建设总投资的 5%～16%。

（3）企业自筹。在许多领域，企业自身通过各种渠道筹措资金用于水污染治理产业的发展，如银行贷款、发行企业债券、上市融资等。企业筹措资金投资于水污染治理产业，比较典型的是水务公司通过资本市场利用股权和债权等方式筹集资金。美国政府为私有企业核定固定的投资收益率，资本基数越大获得的投资收益相应地就越多，并且收益有一定的保障，这起到了鼓励社会资金投入水污染治理事业的作用。

（4）政府与社会资本合作。政府与社会资本合作主要为了分离管理权和所有权而建立的合作形式，包括民营化、特许经营、租赁或新建设施等。美国大多数水务资产属于市政当局所有，但凭借其发达的资本市场，政府也吸引了众多社会资金投资水务行业，并遵循市场机制进行投资和运营。污水处理厂的运行和维护则主要靠收取的污水处理费来维持。

除了传统投融资模式，美国还通过征收污水处理费、征收环境保护税、开展排污权交易等方式募集水污染治理资金。美国的实践证明，以上几种方式同时配合使用，能够更有效地筹集所需资金，保障相关项目的顺利实施。

2.3.2 德国的投融资模式

20 世纪 80 年代开始，德国的环境保护政策从强制性污染控制逐渐转向预防与合作，通过政府主导、企业参与等方式来解决环境保护投融资问题。1982 年，德国开始实行市政环境公用行业的市场化改革，推行政府与私营企业合作的 BOT、委托经营等合作模式。项目资金主要来源包括政府预算资金、地方政府贷款、地方政府担保贷款、股权抵押贷款、企业贷款和投资者自有资金等。一些污水处理项目采取的 PPP 合作方式是组建产业投资公司（地方政府和私营公司各持有一半股份），再进行项目的融资运作。20 世纪 90 年代以来，德国国家战略逐步向经济与环境的协调发展转变，通过财政和税收优惠政策使承担更多环保责任的企业具有更强的竞争力，环保产业成为国民经济的一个重要产业部门。多年来，德国的环保投入始终保持在较高水平上，在环境污染削减与治理总支出中，约 50%的支出用于水污染治理。污水处理设施当中，管网建设投入比重远大于污水厂建设，1970～1983 年排水工程中投资了 780 亿马克，其中 210 亿马克（27%）用于污水厂的建设，570 亿马克（73%）用于管网建设[①]。

德国联邦政府采取国家投资、企业集资和提高环保收费等方法，努力筹集社会各方资金，增加对环境治理特别是水污染治理的资金投入。水污染治理融资方式多元化保证了投资的资金需求。

（1）直接财政投入。德国联邦政府用于环保相关的支出大约占联邦总预算的 4%，政府统一分配各部门用于环保的财政预算，其中一部分由环境部列入预算并实施，其他部分则分散在各个职能部门。在水污染治理和水环境保护方面，德国联邦政府提供大量经费，以促进水质监控、工业和居民区的污水处理、无废水或少废水生产工艺与技术的发展等。仅在 20 世纪 80 年代中期至 90 年代末，联邦政府对水资源保护的投资就达到 1000 多亿马克。

（2）提供项目补助。政府对于水污染治理项目建立了政府补贴机制，各州对污水处理厂的建设给予一定比例的财政补贴，并视各州具体情况确定补贴比例，一般在 30%～50%，有的甚至达到 60%～80%，并主要限于城市生活污水处理。

（3）设立环境基金。除了政府援助，规模不断增加的基金也是德国环境研究、发展和投资的重要支持力量，其中最重要的是德国联邦环境基金（Deutsche Bundesstiftung Umwelt，DBU）。20 世纪 90 年代，DBU 已经资助了 3000 多个项目（超过 15 亿马克），每年大约资助环境创新项目 1.4 亿马克，并特别注重针对中小企业开

① 全国工商联环境服务业商会. 2009. 德国环境保护投融资机制研究.

展环境技术示范进行资助。

（4）发放政策性优惠贷款。德国设立了政策性金融机构对企业环保项目给予国家担保贷款或低息优惠，德国复兴信贷银行与德国平等银行是两个主要的政策性金融机构。德国复兴信贷银行在环保领域充当了三方面的角色：一是经济界合作伙伴；二是联邦政府环保目标的执行者；三是实现可持续发展项目的融资者。服务对象包括政府部门、企业、个人等。政策性银行对符合要求的项目给予低息贷款，其特点是利息低、还款时间长，最初几年可以免利息，项目可以与其他项目组合实施等。

（5）实行税收优惠。德国政府对环保类新技术、新设备、新产品的开发和应用给予 20%以上的税收优惠。对于安装环保设施的企业，所需土地享受低价优惠，免征三年环保设施的固定资产税，允许企业环境保护设施所提折旧比例超过正常折旧比例。对于进行环保项目研发的企业，允许企业将研发费用计入税前生产成本。

（6）强制征收税费。水污染税从 1981 年起开始征收，以废水的“污染单位”（相当于一个居民一年的污染负荷）为基准，在全国实行统一税率。在德国，居民用水缴纳的排污费比水费本身要贵很多。德国的污水处理厂普遍实行企业化运作，但是政府限定其为非盈利单位，污水处理厂的每年成本与政府收取的污水费基本平衡。为加快污水处理设施的建设，德国设计了一套排污收费返还制度，符合标准的污水处理厂的部分投资在建设期 3 年内可以利用污水处理费补偿。从 1994 年开始，除了污水处理厂，管网和安装投资也能享受 50%的优惠。

2.3.3　日本的投融资模式

作为发达国家，日本是较早实施国家环保行动的国家，其在水污染治理方面的做法和经验也值得其他国家借鉴。日本在污水处理设施建设上的做法和美国类似，也是以政府财政投入作为主要的投融资手段，具体的建设和运营由地方政府负责，中央政府通过转移支付给予支持。经过长期的污水设施建设管理，日本已经形成了相对完善的污水处理体系，并先后通过《下水道法》和《净化槽法》的制定，有力地保障了日本污水处理事业的规范化发展。在下水道（集中式规模化污水处理设施）项目建设资金方面，日本中央政府以国库补贴的形式负担项目投资额的 50%，45%由地方政府通过财政、市政公债的方式进行筹措，其余 5%由下水道所在区域的受益者缴纳的“受益者负担金”承担。在净化槽（分散式处理设施）投资方面，中央政府投入的资金占项目费用的 33%，地方政府投入占费用的 57%，净化槽项目的受益居民承担建设费用的 10%（闫威和姚鹏，2015）。由此可见，日本污水处理设施的建设资金主要来自中央和地方政府的长期支持，而受益居民的投资则成为项目资金的有力补充，同时也增加了受益居民对水污染治理的参与程度。在中央政府支持的程度和对地方政府融资的控制方面，日本和美国又存在较大区别。

（1）中央政府财政投入。近年来，日本包括水污染治理在内的整个环境投资中，政府投资是主体。在中央政府环境预算方面，1961 年国家污染防治预算仅为 133 亿日元，到 1997 年时达到 2.82 万亿日元，占同年国家财政预算的 3.6%和国民生产总值（gross national product，GNP）的 0.56%。以污水处理为例，日本政府通过《生活污水建设法的应急措施》，制定全国生活污水设施建设五年计划。在 1963 年开始已完成的 9 个五年计划中，中央政府的财政拨款一般占到总投资的 20%～66%，其他资金来源包括市政债券（20%～45%）、地方政府拨款和相关排放企业（将自身工业污水排入公共污水处理厂的企业）投资。在没有相关排放企业参建的项目中，中央政府拨款占到项目总投资的 50%～66%。

（2）地方政府财政投入。日本绝大多数环境基础设施项目的建设是由地方政府实施和管理的，大部分投资也来自地方政府，主要包括：地方财政投入、借贷和发债等。中央政府基本不直接建设和管理环境基础设施项目，但提供一定的补助资金。中央政府根据各地财政收支以及经济社会发展情况，审批每年或每个项目可以发行的市政债券规模。据 1990～1994 年的数据统计，日本污水处理系统建设资金 60%来自地方政府，其中 12.5%来自地方财政资金直接投入，33.5%由地方政府向银行借贷，14%来自经中央政府审批后发行的市政债券，其余 40%来自中央政府以赠款或软贷款形式给予的补助。

（3）激励约束机制。日本在激励企业进行环保投资方面建立了一套有效的援助机制，包括政府直接补助、税收优惠和中央政府下属公共金融机构的优惠贷款等。日本政府大部分补助是通过税收优惠和低息贷款的方式进行的，由此给企业带来的资金收益占污染防治投资的 10%左右。日本地方政府给企业污染防治的直接补助数额不大，主要侧重于污染治理技术的研发和推广。为了促进污染防治政策的实施，日本政府从税收方面给予各种优惠，主要有：加大设备折旧率（特别是折旧制度），对环保设备给予减免或减征固定资产税的优惠，对各类环保设施所占土地免征土地税等。此外，地方政府对污染治理还给予资产税及商业税等方面的优惠。优惠贷款方面，1955 年开始，日本地方政府通过财政资金对中小企业污染防治给予利息补贴，项目贷款利息一般较商业银行低 1%～2%，并延长本金的还款期限。20 世纪 70 年代中期到 80 年代末，日本中央政府所属金融机构给企业提供的低息贷款占到企业污染防治投资的 30%～

40%，为推动企业特别是中小企业加大污染防治投资发挥了重要的作用。在污水处理厂运行和维护费用方面，日本 60%的运行和维护经费来自地方财政预算资金，其余的40%来自企业和居民用户所缴纳的污水处理费，这与欧美国家和地区主要靠污水处理费来支持污水处理厂的运行和维护有较大不同。

2.4　国际经验对中国流域水污染治理市场机制应用的启示

通过对美、德、日、法、英等国水污染治理经济政策与投融资机制的分析比较来看，虽然做法和措施各有不同，但也存在许多共同点。例如，都比较注重结合本国的实际，综合运用法律、行政、经济多种手段进行综合治理，政府除推动立法、实施监管和直接的财政投入以外，还主导建立了多元化的环境经济政策体系和投融资机制体系，发挥政府、企业和公众三个方面的积极作用，推动流域水污染治理工作持续有效地开展。

从各国的实践经验来看，流域水污染治理市场机制的成功应用有赖于以下几个方面的必要保障。

第一，完善的法规和政策基础。法规和政策的完善既保证了流域水污染治理工作的政策基础，又保障了工作的透明度，增强了政策的可操作性和实际效果，有利于赢得公众的信任。例如，在推动排污权交易方面，美国先后发布了《最终水质交易政策》《水质交易评价手册》《水质交易技术指南》；在水污染治理基金管理方面，美国 EPA 为国家清洁用水周转基金的使用制定了《工作框架》；在市政公债发行与管理方面，日本制定了《地方公债法》，按年度编制市政公债计划。法规和政策的完善从根本上保证了水污染治理市场机制的有效运行。

第二，高度发达的现代市场经济。市场经济的充分发展是流域水污染治理市场机制可以发挥作用的必要条件。以排污权交易为例，虽然实施排污权交易制度产生的交易成本可能较高，但美国市场经济高度发达，市场运作十分成熟，通过周密的政策设计可以大大降低交易成本，这些条件保证了排污权交易在美国的顺利实施，并取得了一定的经济和社会效益。同样，以市场补偿为主的流域生态补偿机制的顺利实施也有赖于完善的市场经济基础。国外生态补偿主要是自愿性的市场交易，涉及的利益相关者相对较少，范围较小，补偿标准通过交易双方的谈判解决，具有良好的补偿效果，很少存在补偿标准过低导致没有达到刺激保护环境积极性的问题[①]。国外多样化的生态环境补偿途径提醒我国在推动流域生态补偿政策时，不仅可采用直接通过政府财政补贴、财政援助、税收减免等形式进行资金或实物补偿，同时应鼓励地方创新多样化的市场化补偿形式，推动企业和公众参与。

第三，创新的多元化市场融资机制。基于不同国家的不同国情，各国通过发行债券、BOT 模式、PFI 模式、特许经营、PPP 模式等多种市场化机制进行融资。例如，美、日等发达国家环保资金大部分来源于市政公债；英国水务行业在 1989 年实现了全面私有化，将水务局转变为上市的有限责任公司筹集资金，英国政府在水务行业私有化过程中还获得了大量利润；美国水务行业实践证明了 PPP 模式的可行性，美国大多数水务资产属于市政当局所有，但政府吸引了众多社会资金投资水务行业，并遵循市场机制进行投资和运营。污水处理厂的运行和维护费用则主要靠收取的生活污水处理费来维持。

第四，准确、持续的污染源排放和水质监测。环境经济政策的有效执行必须辅助以必要的环境监测手段，以确保政策实施的效果。例如，在排污权交易方面，美国 EPA 制定了具体的程序以保证参与单位监控和排放报告的精准、可靠和一致，规定了大部分的污染物排放主体需通过持续排放监测系统来计算其排放量，控制企业都安装了先进的连续监测设备，通过网络与美国 EPA 相连。美国 EPA 拥有完善的数据质量控制系统，该系统包括了污染物监测的整个过程、数据的处理和报告结果等方面。排污收费（税）和流域生态补偿制度的有效执行也需要以持续准确的监测数据作为收费和评估依据。

第五，详尽全面的信息公开。信息公开包括政府信息公开和企业环境信息公开，充分的信息公开有助于公众了解流域水污染治理的全过程，推动公众环境参与，增强公众监督能力，防范政策风险的出现。例如，在排污权交易方面，美国 EPA 建立了以计算机网络为平台的排放跟踪系统、审核调整系统和许可跟踪系统，这些系统向全民公开。美国排污权交易政策实施的背景、内容、企业污染物排放情况、企业名单及所在位置、污染物指标交易价格等信息均可在美国 EPA 相关网站上获取，便于公众及政策研究机构了解政策实施情况并对其进行分析研究。美国排污权交易信息公开不仅给公众提供了了解控制企业排污状况的监督平台，也为企业提供了排污权交易状况等市场信息，降低了市场交易成本（夏秀渊，2014）。在政府专项资金、市政公债资金等流域水污染治理资金的使用和管理方面，债券发行、资金的使用和管理状况不仅关系

① 袁剑琴. 2016. 我国流域生态补偿投融资机制分析.

到投资者的利益，而且关系到当地纳税人的利益。因此，不断加强政府投资的透明度和规范性，应成为我国防范政府投资风险的基本原则。

就流域水污染治理的资金来源而言，长期以来我国用于治理环境污染的资金主要来自政府拨款，而且近年来国家财政在环境保护方面的投入在逐步增加。尽管如此，由于受到政府财力的限制，单纯依靠政府投资远远难以满足流域水污染治理的资金需求。当前，拓宽流域水污染治理融资渠道，借鉴国外经验，建议主要从以下几个方面入手：积极利用环境经济政策手段拓展政府治理资金来源。规范和扩大排污权交易，方便企业灵活进行环保选择，降低水污染治理成本的同时募集流域治理资金；进一步推动流域生态补偿，通过跨界水质协议等形式开展地方政府间的补偿，同时鼓励企业和公众通过市场交易和生态标记等市场化补偿方式参与流域水污染治理；增加政府专项资金投入，充分发挥政府专项资金的引导作用，引导和带动社会资本投资方向；规范地方政府债券发行，集中社会闲置资金参与流域水污染治理；发挥政策性银行贷款的积极作用，积极从国内外政策性金融机构融资；大力推广政府与社会资本合作模式，加速水污染治理相关项目的实施，对城镇污水、农村生活污水、黑臭水体处理等采用市场化模式进行建设和运营；积极推动绿色金融体系创新发展，鼓励将各种社会资金集中起来，成立绿色治理基金或委托投资公司管理、运作，投资于特定的流域水污染治理领域，共同分享投资收益。

总之，各地宜充分借鉴国外综合利用多种形式的政府投资和市场手段的成功经验，在增加政府投资的同时，充分运用市场机制，拓展政府治理资金来源，引导社会资本和公众共同参与流域水污染治理，最终形成“政府统领、企业施治、市场驱动、公众参与”的流域水污染防治新机制，实现环境效益、经济效益与社会效益多赢。

第3章　流域水污染治理市场机制国内研究进展

近年来，水专项开展了我国关于流域水污染治理市场机制的系统性研究，主要涉及价格与税费、排污权有偿使用与交易、流域生态补偿、投融资机制、决策支持机制等领域，旨在为水体污染控制与治理提供强有力的政策及管理科技支撑。水专项在“十一五”“十二五”期间共完成流域水污染治理市场机制相关研究课题 18 项，在典型流域开展了一系列试点示范项目，其中与市场机制密切相关的试点内容共计 34 项，试点地区分布于太湖、巢湖、滇池、辽河、淮河、海河及京津冀地区等重点流域和区域，取得了大量实际应用和示范成果，水专项流域水污染治理市场机制相关课题与试点内容及成果清单具体见表 3-1。除水专项研究成果之外，生态环境部环境规划院“国家环境经济政策研究与试点”项目针对水污染物排放权有偿使用与交易等也进行了一系列的研究与试点工作，共同推动了我国流域水污染治理市场机制相关的理论研究与实践应用。

表 3-1　水专项流域水污染治理市场机制相关课题与试点内容及成果清单

序号	水专项研究课题	市场机制相关试点研究内容与成果	试点地区
1	水环境保护价格与税费政策示范研究	《太湖流域的水污染物排放权有偿使用配额制定与分配方案》	江苏省、浙江省
		提出提高合肥市水资源费征收标准的改革方案，形成《合肥市城镇污水处理定价成本监审管理办法（草案）》	合肥市
2	水污染物排放许可证管理技术与示范研究	太湖流域水污染物排放总量初始分配方法、太湖流域排污许可证优化分配方案	太湖流域
		《江苏省排放水污染物许可证管理办法》	江苏省
		欠发达地区排污许可证制度	昆明市
3	太湖流域（江苏）控制单元水质目标管理与水污染排放许可证实施	《江苏省主要污染物排污权核定方案》《江苏省排污许可证发放管理办法（试行）》《无锡市基于容量总量的水污染物排放许可实施绩效评估办法（试行）》	无锡市、宜兴市、常州市武进区
4	水污染物排污权有偿使用关键技术与示范研究	排污权有偿使用和交易试点，研究内容纳入《浙江省主要污染物初始排污权核定和分配技术规范（试行）》《关于建立排污权指标基本账户实施量化管理的通知》《浙江省排污权储备和出让管理暂行办法》等文件	浙江省
		排污权有偿使用和交易试点，部分研究建议纳入《河北省排污权有偿使用和交易管理暂行办法》等文件中；指导秦皇岛、唐山、沧州三市试点区域水污染排污权有偿使用和交易工作示范	河北省
		排污权有偿使用和交易试点，部分研究内容纳入《河南省主要污染物排污权有偿使用和交易管理暂行办法实施细则》等文件	河南省

续表

序号	水专项研究课题	市场机制相关试点研究内容与成果	试点地区
5	水环境管理体制机制改革与示范研究	淮河流域跨行政区水污染协调和管理机制综合试点示范，完成《淮河流域跨市界河流水污染管理协议（模版）》等流域水环境管理的技术文件	安徽省、河南省、江苏省
6	流域生态补偿与污染赔偿研究与示范	辽河流域跨界断面水质目标考核模式生态补偿	辽宁省
		沙颍河流域跨界断面水质目标考核模式生态补偿	河南省
		东江流域饮用水水源地保护生态补偿	广东省、江西省
		闽江流域生态补偿专项资金、绿色保险模式	福建省
		湘江流域生态补偿专项资金	湖南省
		南水北调中线水源区生态补偿	陕西省、湖北省、河南省
		海河流域生态补偿试点	河南省
7	饮用水安全管理保障机制与政策示范研究	大伙房水库饮用水水源地保护经济补偿机制与示范	辽宁省
8	洱海全流域清水方案与社会经济发展友好模式研究	洱海流域生态补偿机制	云南省
9	跨省重点流域生态补偿与经济责任机制示范研究	跨省汀江流域生态补偿试点，成果在跨省汀江—韩江上下游横向生态补偿协议中得到重要应用	福建省、广东省
		跨省于桥水库流域生态补偿试点，为引滦入津生态补偿协议提供可行的补偿和管理措施	河北省、天津市
		跨省东江流域生态补偿试点，水质联合监测等研究成果在《赣粤两省跨界河流水污染联防联治协作框架协议》中得到重要应用	江西省、广东省
10	水环境保护投融资政策与示范研究	辽河流域水污染防治专项资金	辽宁省
		排污权交易和排污权质押贷款	嘉兴市
		水污染防治的市政公债政策及示范研究	沈阳市
		流域水污染防治投资绩效评估方法与试点	辽河流域
11	农村水污染控制机制与政策示范研究	洱海流域农业面源污染防治试点示范，编制《洱海流域农业面源污染防治规划（2011—2020 年）》等	洱海流域

续表

序号	水专项研究课题	市场机制相关试点研究内容与成果	试点地区
12	水环境产业发展战略与政策及其示范研究	合同环境服务的投融资模式和付费机制成果应用到宁波市城区内河水质日常维护提升项目，DBO 服务模式及合同框架等成果应用到巢湖地区乡镇污水处理项目	浙江省、巢湖流域
13	水污染控制技术经济决策支持系统研究	松花江流域水污染控制技术经济决策试点研究，建立松花江流域典型江段水污染控制技术经济决策支持系统并对水污染控制目标和规划提供决策依据	松花江流域
14	水污染防治信息公开和公众参与制度及示范研究	浙江省水污染防治信息公开试点研究，开发了浙江省环境信息公开平台，公开披露企业环境信息，推动企业自愿参与环境管理	浙江省
15	水污染防治政策体系总体评估、关键技术及实证研究	淮河流域水污染防治政策效果评估，建立了淮河流域社会经济影响评估方法体系，为淮河流域水污染防治提供数据支撑和政策建议	淮河流域
16	流域水污染防治规划决策支持平台研究	平台以松花江流域为示范运行模拟结果，对黑龙江省“十三五”生态环境保护规划及黑龙江省“水十条”编制起到科学支撑作用	松辽流域、黑龙江省
17	国家和流域水环境保护法律制度创新及其示范研究	建立了流域水环境保护法律综合评估指标和方法体系，评估了辽河、太湖和滇池流域水环境保护法律制度	辽河、太湖、滇池流域
18	太湖贡湖生态修复模式工程技术研究与综合示范	建立专业化环境管理公司，运用先进的种养管技术，对示范区进行专业化管理，实现了示范区的长效稳定运行	太湖流域

3.1　价格与税费

“十一五”期间，中国人民大学承担并完成了水专项“水环境保护价格与税费政策示范研究”课题，研究梳理了水环境保护价格与税费政策体系，其中，与水污染治理市场机制直接相关的政策包括排污收费政策、污水处理收费政策、排污权有偿使用和交易政策及环境税政策等。该课题组编制了《水污染物排放权有偿使用与交易技术指南》《太湖流域的水污染物排放权有偿使用配额制定与分配方案》，在江苏省、浙江省开展了试点示范，并为其他地方开展水污染物排放权有偿使用与交易实践提供参考。

该课题组针对排污收费存在的问题以及环境现状，初步设计了排污费改革和排污费改“税”方案，利用合肥市试点情况开展相关测算。提出城市污水处理收费政策设计的建议，为国家污水处理收费政策改进和调整提供方向建议；针对案例城市合肥，形成地方管理性的法规《合肥市城镇污水处理定价成本监审管理办法（草案）》，该方案适用于其他同类城市的污水处理定价工作，成果具有直接的决策支持意义。

该课题组选择巢湖流域、太湖流域和海河流域的 5 个省市开展了试点示范，协助地方起草了 2 份水污染物排放权有偿使用分配的技术文件，国家、省级、市级政府部门都采纳了课题组提出的水资源费、污水处理费、排污收费、再生水费、水污染物排放权有偿使用政策建议，有效地推动了地方促进水污染防治的价格与税费政策试点工作，促进了地方涉水相关职能部门的协调与沟通，增强了地方科学制定水价的能力。

该课题组计算出水利用的总成本，其中生产成本和机会成本是平均成本，外部性成本是边际成本。按照边际成本法确定的价格可以使资源配置处于最优状态，所以外部性成本采用边际成本，可以使水资源总量的配置达到最优。生产成本是基于水务企业的真实数据，确保企业在保本微利的前提下稳定运营。考虑投资的机会成本，可以鼓励社会资本和政府资金持续地投入水系统建设和运营当中，从而保障整个水系统能根据城市社会经济发展的需要而不断更新和进步。

该课题组研究指出，污水处理运营模式的选择直接影响到污水处理运营的效率和成本，通过引入竞争机制，可以提高效率，降低运营成本，进而影响污水处理的价格，因此，污水运营模式的导向将很大程度上影响定价政策的发展。在污水处理运营逐步走向市场化方向的过程中，必须强调市场化和监管并重，必须在引入竞争的同时建立起有效的监管制度，从而保障政策得到良好的实施。

从价格与税费方面的研究内容来看，水专项针对排污收费制度仅在“十一五”时期的研究课题中有所涉及，课题梳理了排污收费制度的政策历程和政策效果，指出了排污费改税存在的问题及初步方案。目前，我国的排污收费制度已经废止，取而代之的环境保护税制度已正式开启，其实施效果尚有待时间的检验。

3.2 排污权有偿使用与交易

3.2.1 排污许可主题

“十一五”期间，水专项“水污染物排放许可证管理技术与示范研究”课题根据水污染物排污许可证制度的国内外实践，结合我国环境管理的实际，形成了我国水污染物排放许可证制度总体设计和实施指南，开发了水污染物排放申报系统、排放许可证排污指标核定发放技术、排放许可证核查和追踪技术等，形成了水污染物排放许可证管理技术集成方案。该课题组成员参与起草了环境保护部（现生态环境部）《水污染物排放许可证管理办法》，对我国水污染物排污许可证制度的建立有很好的指导作用。

基于该课题水污染物排放许可证制度总体设计、实施指南和水污染物排放许可证管理技术集成方案，结合东部发达地区的实际，形成了东部发达地区水污染物排放许可证制度实施方案，开发了水污染排放许可证政策与技术管理平台，并在江苏省太湖流域和苏州常熟市开展了应用。基于相应的示范成果，课题组成员作为主要起草人，起草了《江苏省排放水污染物许可证管理办法》，该办法已经于2011年正式发布。基于课题水污染物排放许可证制度总体设计及实施指南和水污染物排放许可证管理技术集成方案，结合西部欠发达地区实际，形成了《欠发达地区（昆明）水污染物排放许可证制度实施方案和技术指南》，指导昆明市完善其排污物许可证制度。

该课题以太湖流域为案例进行了“太湖流域水污染物排放许可证示范研究”，研究以太湖流域的基本社会经济和排污现状、环境保护目标等为基础，采用排污量比例分配法、环境容量分配法、基尼系数法和以流域为尺度的分配方法进行了排污权的初始分配计算，分别给出了不同方法下的基于现有行政区划的优化分配方案及以流域为尺度的许可证优化分配方案，为排污许可证制度以及排污权有偿使用和交易制度在太湖流域的试点实践打下了基础。

“十二五”期间，“太湖流域（江苏）控制单元水质目标管理与水污染排放许可证实施”课题选择太湖流域（江苏）作为研究区域，在太湖流域水生态功能分区及区域水环境容量测算等“十一五”主要研究成果的基础上，在控制单元划分、水环境容量测算、主要水污染物初始许可量核定等研究成果支撑下，建立了以水生态功能分区为基础、控制单元为核心、水环境容量为依据、污染控制技术为支撑的排污许可证管理体系。研究成果在示范区开展排污许可证管理业务化运行，为排污许可制度管理实践提供了有力的借鉴，推动了我国排污许可证制度由污染物排放总量目标向容量总量目标的转变。

排污许可制度作为我国生态环境管理框架体系的重要组成部分，是实现污染物总量控制目标的重要手段，也是我国通过市场手段实施排污权有偿使用和交易的制度前提和基础。排污许可制度在“十一五”和“十二五”期间都有专题和试点研究，为排污权有偿使用及交易制度的研究和实施提供了有力的制度保障。

3.2.2 排污权有偿使用与交易主题

水专项对于排污权有偿使用与交易的研究，并非开始于“十二五”时期。早在“十一五”期间，水专项开展的“水环境保护价格与税费政策示范研究”和“水污染物排放许可证管理技术与示范研究”两个课题为排污权有偿使用与交易的后续研究提供了必要的基础。

生态环境部环境规划院“国家环境经济政策研究与试点”项目技术组于2008年针对水污染物排放权有偿使用与交易项目编制了《太湖流域水污染物排放权有偿使用及交易技术指南》，主要包括试点区域开展相关工作的原则性技术和政策框架，为参与试点的区域制定本区域试点相关规范性文件提供参考。2009年，该课题组完成了《水污染物排污权有偿使用与交易技术指南》。2010年，协助嘉兴市编制完成《嘉兴市水污染物排放权有偿使用技术指南》，该指南对嘉兴市开展排污权有偿使用的排污配额指标的发放、监管等关键问题进行了规范，对深入推进嘉兴市开展排污权交易探索发挥了重要作用。2011年，主要水污染物排放指标有偿使用和交易系统平台开发完成并在江苏省太湖流域地区投入使用，该系统平台由配额申购子系统、排放量核定子系统、配额交易子系统、配额监管子系统组成。

“十二五”期间，生态环境部环境规划院牵头承担了水专项“水污染物排污权有偿使用关键技术与示范研究”项目。该项目研发了核定、定价、分配、评估等水污染物排污权有偿使用政策的一揽子技术集成，构建了国家级排污权有偿使用和交易通用管理平台，为排污权有偿使用和交易试点提供技术支撑。依托课题研究成果，生态环境部编写出台《国务院办公厅关于进一步推进排污权有偿使用和交易试点工作的指导意见》。作为全国试点工作的纲领性文件，相关成果纳入到包括浙江、河北、河南等全国11个试点省份出台的相关管理文件中，并为自发开展排污权有偿使用和交易试点工作的福建、贵州、宁夏等省区提供了技术支撑，指导各地方企业超过1.8万家开展污染物排放总量核定和交易。课题组开发的水污染物排污权有偿使用集成平台已得到应用，目前主要服务于河南、河北、浙江三省试点地的排污权交易，下阶段平台的用户群将面向纳入财政部、生态环境部试点范围以及自发开展试点的其他省份。该研究认为，排污权有偿使用与交易政策在全国试点范围内总体进展顺利，初步构建了符合各试点地区要求的管理制度，试点省份对污染源的管理能力明显加强，环境容量价值初步显现，然而各试点省份对政策理解和重视程度不一，依然存在初始排污权分配不到位、污染物排放计量薄弱、交易市场培育缓慢、定价机制亟待规范和试点工作进展参差不齐等问题，需要在后续研究与实践中进一步完善。

3.3　流域生态补偿

“十一五”期间，水专项“水环境管理体制机制改革与示范研究”指出，目前我国流域水污染的管理主体是各地方政府，而地方政府仅仅考虑区域自身利益，这必然导致区域利益和流域整体利益的偏离。研究建议在流域管理上，制定并完善流域生态补偿政策，探索通过扩大中央财政转移支付、建立流域环境保护基金、制定流域上下游之间补偿原则等多种途径，建立跨行政区污染的经济补偿机制及流域资源开发与生态保护之间的补偿机制，以实现流域经济发展与水环境改善的“双赢”。课题组选择在淮河流域开展试点示范，协助地方起草了《淮河流域跨市界河流水污染管理协议（模版）》等流域水环境管理的技术文件，为建立和实施基于跨界水质目标的区域生态环境补偿制度提供技术支持。

“十一五”期间，水专项“流域生态补偿与污染赔偿研究与示范”课题总结了流域生态补偿的国内外研究与实践进展，提出了流域生态补偿与污染赔偿实施机制，重点突破了流域生态补偿与污染赔偿标准核算方法，系统研究了流域生态补偿与污染赔偿财政机制安排，提出了我国流域生态补偿财政政策总体框架，从政府和市场两个角度提出了财政政策工具包，从利益相关方和政府各部门两个层面提出了财政管理工具包。该课题组起草了《中国流域生态补偿与污染赔偿的政策框架（建议稿）》《地方流域生态补偿和污染赔偿试点方案设计指南（草案）》《流域生态补偿与污染赔偿标准核定技术指南（建议稿）》，制定了辽河流域、东江流域、闽江流域、湘江流域、南水北调中线水源区、河南省辖流域共 6 个流域的生态补偿试点方案，试点流域的部分研究成果已经作为试点地区设计流域生态补偿相关政策法规的依据，有效推动了地方流域生态补偿的实践和示范。

“十一五”期间，水专项“饮用水安全管理保障机制与政策示范研究”课题中，“饮用水源地保护经济补偿机制与示范”子课题研究采用了生态服务功能的方式，以大伙房水库为试点，在对上下游之间经济补偿的权责关系分析的基础上，建议大伙房水库的补偿方式采用水费、水源地保护共享基金和项目援建 3 种方式。根据对大伙房水库水源保护区保护经济补偿和污染赔偿的方案，提出成立生态补偿办公室、设立水源地保护共享基金、重点扶植新兴绿色产业、建立水源地保护奖励与水体污染问责制度、建立环境污染应急处置专家库、提高公众参与等政策建议。

“十一五”期间，水专项“洱海全流域清水方案与社会经济发展友好模式研究”课题制定了洱海流域主要污染物容量总量控制方案和洱海全流域水污染控制与清水方案，集成应用了服务于生态文明流域发展的社会经济结构体系构建技术，在丰富湖泊绿色流域建设的理念和思路的同时，为地方政府的生态环境保护与湖泊治理提供了科技支撑。该课题成果之一是根据“让保护者得到补偿、让破坏者得到惩罚、让占有者付出成本、让受益者分担成本”的原则，编制了洱海流域生态补偿机制，起草了《洱海流域生态补偿机制实施方案（意见）》，经政府行文具体应用实施，率先推进和保障了洱海全流域生态文明体系建设。

“十二五”期间，水专项“跨省重点流域生态补偿与经济责任机制示范研究”课题对跨省重点流域生态补偿标准计算模式、补偿实现方式、资金来源与管理、水质监测体系等进行分析，形成了五大技术成果：一是构建了质量改善导向的跨省流域双主体生态补偿方案，明确共同但有区别的责任，促进上下游落实辖区水污染防治责任；二是构建了基于协商的跨省水源地经济补偿方案，为国家建立跨省水源地经济补偿提供更多政策模式选择；三是按照有入有出、有补有罚的思路搭建跨省流域水质生态补偿模拟技术平台，为全面建立重点流域生态补偿机制提供技术支撑，实现流域上下游合作共治；四是建立跨省流域生态补偿绩效评价体系，为我国跨省流域生态补偿政策框架设计提供支撑；五是选择跨省汀江流域、跨省于桥水库流域和跨省东江流域作为案例区开展研究，有效推动跨省流域生态补偿试点。该课题研究成果在跨省汀江—韩江、东江以及引滦入津流域上下游横向生态补偿协议中得到了重要应用。

“十一五”期间流域生态补偿与污染赔偿的研究及其在几大流域的试点应用以及“十二五”期间跨省重点流域生态补偿机制的研究，从我国水污染特点和水环境管理的实际需求出发，以实现流域生态保护外部效益与水污染外部成本内部化为具体条件，对重点流域上下游间的水环境经济补偿关系进行描述，保证了流域生态补偿机制课题研究与布局的连续性，弥补了国内跨省流域生态补偿研究的不足，并积极推动课题成果转化为部门决策及跨省生态补偿协议，推动理论研究走向实践。

3.4 投融资机制

“十一五”期间，财政部财政科学研究所承担了水专项“水环境保护投融资政策与示范研究”课题，预测了未来一个时期我国水环境保护的资金需求，系统构建了水环境保护投融资政策体系和长效机制，为建立与市场经济相适应的水污染防治经济政策体系提供科学依据。该课题提出的国家层面水环境保护投融资政策框架得到相关决策部门认可。多份课题研究成果以“研究报告”“重要环境信息参考”等内参形式上报中央办公厅、中央政策研究室、全国人民代表大会财政经济委员会、国务院发展研究中心、中国人民政治协商会议全国委员会办公厅等部门，并抄送财政部、国家发展改革委、生态环境部、国家税务总局等有关部门及各省市财政厅局后，受到了相关部门的好评。试点示范方案得到地方政府认可。该课题在对太湖、巢湖、松花江、辽河等流域调研的基础上，重点围绕辽河流域开展多项政策试点示范研究。该课题完成的《辽河流域水环境保护财权事权划分试点示范》《辽河流域水环境保护政府投资政策试点示范》《辽河水污染防治投资绩效评价实施建议》等试点方案得到了辽宁省财政厅、辽宁省辽河流域水污染防治工作领导小组办公室的肯定和采纳。

“水环境保护投融资政策框架研究”通过对我国水环境保护的现状进行分析，开展水环境保护投融资政策的国际比较，进行我国水环境保护的投资需求预测，探讨提出我国水环境保护投融资政策的总体目标、基本原则和主要内容，并从政府水环境保护事权财权划分、政府投资政策完善、拓宽融资渠道、完善专项资金制度、加强制度创新和信贷支持、建立投融资绩效评价机制、明确政府管理责任七个方面提出了完善我国投融资体系的政策建议。

“水污染防治投资规划技术方法和需求预测”在系统梳理了国内外水污染防治投资统计体系的基础上，对我国水污染防治投资进行了全面地评估，并提出优化水污染防治投资口径的方案。基于以上研究，报告[①]从宏观经济层面和微观任务需求两个层面研究建立了水污染防治投资方法体系。通过水污染防治投资规划与水污染防治规划水环境质量目标和总量控制目标之间的关系研究，提出了水污染防治投资规划的程序、重点等，建立了水环境保护投资规划编制方法体系，为水污染防治投资规划编制提供依据。

“水环境保护事权财权划分机制研究”指出，水环境保护事权划分是关于多元环境相关利益主体在环保投资、水污染治理、水环境管理、监督责任以及收入划分等方面的制度规范，是关系到水环境保护绩效的基础性、长效性的体制安排，同时也是一项十分复杂的系统工程。长期以来，在体制转轨过程中，我国水环境保护和污染防治体制与机制不健全，水环境权属理念未完全确立，有关事权没有得到科学、合理、清晰

---

① 此处指《水污染防治投资规划技术方法和需求预测》专题研究报告。

的划分，尤其是在涉及一些跨流域、跨区域的水环境保护和污染防治事务时，相关主体责权关系纠葛，责任承担机制难落实，甚至出现责任主体缺位，导致水污染事件频发，水质改善目标难以实现。针对中央与地方、地方不同层级间水环境保护事权交错重叠、含混不清，责任边界不明等问题，提出水环境事权财权划分的总体框架设计：合理划分政府、企业、社会公众的水环境保护事权，推进有利于水污染治理社会化投融资的制度改进。推进中央与地方各级政府、政府部门之间水环境保护事权与财权的合理划分，明确水环境保护相关部门、中央与地方政府间环境保护事权与财权，按照集权与分权相结合，财权与事权相统一的原则，建立健全水环境保护事权、财权匹配机制；合理划分政府与市场边界，明确水污染治理投入主体和职责分工，确保政府投资不与社会化资本营利性领域进行市场竞争。

“水环境保护的政府投资政策研究”开展了水环境保护政府投资理论研究，提出“公地的悲剧”与水环境保护投资的外部性是政府特别是中央政府进行水环境保护投资的重要理论依据。对我国水环境保护政府投资的现状进行了研究和评价，指出目前我国水环境保护政府投资机制有直接投入、补贴和以奖代补等方式，不同来源的水环境保护政府投资的投资机制存在较大的差别。开展了国外水环境保护政府投资的经验研究，总结国外水环境保护政府投资的经验得出政府水环境保护投资应以多元化融资机制为基础。就完善我国水环境保护政府投资研究提出了政策建议：①通过逐步提高水环境保护预算投入、加大国债投入力度、推进排污费税改革、加快推行生态补偿制度、建立中央与地方联动的财政投入机制等方式拓宽水环境保护政府投资的资金来源渠道；②进一步明确水环境保护政府投资的资金使用方向和重点，提高工业污水处理资金投入的使用效率，加大城市污水处理厂建设和维护的投入，强化农村面源污染预防与控制的投入，继续加大水体生态清淤和综合治理的投入，加强水污染防治基础研究和技术推广，适度安排资金用于水环境保护设施的维护，改变“重建设、轻维护”的现状等；③促进水环境保护政府投资机制创新，一方面要积极运用税式支出、财政补贴、贷款贴息、以奖代补等杠杆性政策工具，发挥财政资金的最大效果，另一方面要在水环境保护投资中积极运用多种形式的 PPP 模式；④完善并创新流域水环境保护的政府投资管理体制，合理界定政府水环境保护投资的范围，发挥政府投资的引导作用，实现水环境保护投资主体多元化；⑤建立健全的流域水污染防治的投资监管机制，构建全方位、多层次的流域水环境保护的投资监管主体，改进水环境保护的投资监管手段和方式。

“水环境污染治理的社会化资金投入政策研究”通过对我国水污染防控现状，水污染治理投融资现状，社会化资本投入现状和环境金融产品创新方式及未来政策需求的分析，对我国水污染治理投融资、社会化资本投入、环境金融创新领域所存在的主要问题以及未来的需求进行系统分析和总结，为我国拓宽水污染治理投融资渠道，扩大投融资规模，完善社会化投融资机制，通过市场化手段促进环境金融创新等方面提供改革建议。具体政策建议包括：①发挥财政资金和政府融资平台的引导作用，培育和引导社会化资本逐步进入水污染治理相关领域，进一步完善并创新政府融资平台，为社会化资本参与水污染治理提供投融资渠道。②发挥市场化投融资渠道的主导作用。完善水环境治理设施的产权制度和投资体制改革，通过特许权制度引入市场主体投入水环境治理设施建设和运营，扩大 BOT 等模式融资规模；扩大传统融资渠道，鼓励政策性和商业性银行增加水污染治理领域的贷款规模；开拓间接融资渠道，利用市政债券、资产担保债券、信托、股票和基础设施产业基金等方式从资本市场募集社会资本投入水污染治理领域。③创造政策和市场环境，积极引导社会资本投入。创新水污染治理的市场化和专业化机制，推动污水处理集中化，鼓励专业化污染治理公司进入污染治理设施的投资、建设、运行和维护管理等领域，出台鼓励水污染治理市场化的综合性政策。④监管和激励并重，促使企业加大水污染治理投入。加强环保监管，提高企业排污成本，落实污染者付费原则，促使企业加大水污染治理投入，并通过排污费征收募集水污染治理资金；建立中小企业污染防治专项资金，解决中小企业水污染治理融资难问题；在农村地区，落实“以奖促治”“以奖代补”政策，促使农村居民参与本地水污染治理活动。⑤推动环境金融产品创新，实施政策机制创新。鼓励银行和资本市场开展环境金融创新，推动环境权益资产证券化，利用环境金融产品创新促进水污染治理社会投入。该研究以嘉兴银行为例，分析了排污权抵押贷款的可行性和必要性，提出推动排污权质押贷款实施，创新环境金融产品，促进水污染治理社会化投入。

“流域型水污染防治专项资金设计及示范研究”提出：①整合相关专项资金，形成流域型水污染防治的合力。②体现差异性，进一步强化专项资金分配机制，对于西部等生态环境重要且脆弱的地区，应进一步加大支持力度，如对于西部地区项目实施全额支持。③扩大专项资金支持的领域范围，将污水处理厂节能改造、污水处理厂污泥安全处置、关键技术研发试点等纳入资金支持的范围。④建立动态的专项资金支持项目库，定期对专项资金项目库进行调整和补充，使得所支持的项目针对性和实用性更强，更有利于水污染防治工作。

“水污染防治的市政公债政策及示范研究”系统梳理了国债及市政公债理论基础、政策体系及实践效果，对美国和日本两个典型的市场化的市政公债进行了分析和评价，在借鉴美国和日本的市政公债制度的基础上，对我国水污染防治市政公债政策进行了设计，从发行机制、运营机制和偿还机制三个方面分别提出了相关指标，并开展了沈阳市水污染防治市政公债示范方案研究。设计内容主要包括：一是关于水污染防治市政公债的发行机制。从水污染防治市政公债的特点和功能出发，按照未来公债的发行流程，市政公债的发行机制设计包括几个环节：发行主体资格，债券类型，发行规模，发行期限和发行利率，投资主体，发行审批的步骤及方案，对水污染防治市政公债的发行监管。二是水污染防治市政公债的运营机制。为实现水污染防治市政公债的收益性、安全性、流动性和公共性等目标，运营机制设计方案包括决策责任模式、信息披露制度、运营风险控制和流动市场，以及运营过程中的监管、运营过程中的税收优惠等相关配套方案的设计。三是关于水污染防治市政公债的偿还机制。水污染防治市政公债的偿还机制应包括偿还责任机制、偿还方式和风险控制三个方面的方案设计。

"流域水污染防治投资绩效评估方法与试点研究"是在关于水污染防治投资需求分析、投资规划制定、政府投资政策、水环境保护财权事权划分、流域型水污染防治专项资金设计、水污染防治市政公债、社会化资金投入、流域水污染治理专项试点研究基础上的深化，是约束流域水污染防治投资资金使用和改进投资效率的重要手段。该课题主要从理论和实证的层面入手，分析水污染防治投资绩效评估的现状，指标设计原则、方法、思路以及具体的指标体系。水污染防治投资绩效评估不仅着眼于构建整体的绩效评估指标体系，还设计了针对不同流域水污染防治的共性指标和针对该流域水污染防治投资特点的个性指标及修正指标，课题研究建立科学合理的评估指标体系的基本框架，初步开展了流域水污染防治投资绩效评估。

"十一五"期间，水专项"农村水污染控制机制与政策示范研究"课题分析明确了我国农业清洁生产实践中存在的问题与不足，对绿色投入品、农业废弃物循环利用、种植与养殖业清洁生产相关技术模式的经济、环境及社会效益进行了评估，构建了农业绿色投入品生产和废弃物资源化利用成本效益变化曲线。提出了我国农业绿色投入品生产的激励机制、农业废弃物循环利用激励机制，明确了农业废弃物循环利用补贴的目标、补贴政策体系结构、补贴主体及职责、补贴对象职责及补贴方法等。研究提出了农业清洁生产的审核与激励机制，以及农业清洁生产的补贴标准与方法，提出了在我国推广农业清洁生产的 8 项保障性政策措施。课题还以大理洱海流域为例进行农业清洁生产案例分析，制定了《洱海流域农村水环境污染控制分区方案及管理对策》《洱海流域农业面源污染防治绩效考核办法》《洱海流域农业面源污染防治生态补偿条例》等方案、办法、法规。

2015 年，国家发展改革委地区经济司面向社会公开征集课题，由机械工业环保产业发展中心、中国水环境集团投资有限公司共同承担的"我国流域水环境综合治理的商业模式与长效机制创新研究”课题入选并获得资助，课题系统分析了流域水环境治理存在的主要问题，以及 PPP 模式在流域水环境治理中的特点和优势，剖析了财政部 PPP 示范项目中 2 个流域水环境综合治理典型案例——南明河水环境综合整治二期项目和大理洱海环湖截污项目的运营模式特点，总结了 PPP 模式在流域水环境治理中的有利于推动政府职能转变、简政放权、优化服务，有利于市场配置资源、专业人干专业事，有利于稳增长、调结构、惠民生、促改革，有利于推动技术、金融、管理创新等成功经验，为 PPP 模式在水环境治理领域中的应用提供指导。

“十二五”期间，“水环境产业发展战略与政策及其示范研究”课题围绕“一套战略、四项专项政策”开展研究，从发展目标、评价指标、重点任务、重点政策和水环境产业投入产出计算方法等方面共同构建出水环境产业发展战略；对合同环境服务和 DBO 服务模式两项重点发展的模式实施政策，以及财政资金补助政策、税收优化方案设计等 4 方面开展了专项政策研究。该课题提出水环境产业转型升级发展目标、重点任务、评价指标，提出了加快转型升级发展的政策建议，支撑了“水十条”的编制；明确 DBO 模式适用条件，编制出我国 DBO 项目合同模板，提出推动 DBO 模式发展的六点政策建议，并在巢湖地区乡镇污水处理项目中得到应用；完成政府为甲方的环境服务合同模板（草案）和合同环境服务管理办法（草案），为规范和促进合同环境服务模式的发展发挥了积极促进作用；首次完成促进水环境服务业重点领域发展财政资金补助政策的设计，为财政部开展专项资金设计提供技术支持。

投融资机制在“十一五”期间开展的“水环境保护投融资政策与示范研究”，为我国流域水污染治理资金的获取、使用、绩效评估和风险防范等提出了政策建议和市场模式，但该课题在 PPP 模式应用和绿色金融发展领域涉及较少；“十二五”期间“水环境产业发展战略与政策及其示范研究”专题在合同环境服务、DBO 服务模式、财政资金补助政策、税收优化方案设计 4 方面进行了深入研究，为“十三五”期间水环境保护市场机制的应用与发展提供了必要的技术支持。

3.5　决策支持机制

“十一五”期间，水专项“水污染控制技术经济决策支持系统研究”以水污染控制技术经济决策支持方法学研究为先导，以我国行业性的技术经济分析数据管理系统为基础，开展了工业、农业和城镇污水污染治理投资及费用函数分析研究。该课题组建立了水污染控制的技术经济决策支持方法体系框架，提出了水污染治理投资和运行费用概念模型；完成水污染控制技术经济基础数据调查分析，建立了水污染控制技术经济基础数据库；完成工业、农业、城镇污水污染控制投资和运行费用函数建模及分析。该课题以松花江流域为试点，建立松花江流域典型江段水污染控制技术经济决策支持系统，完成松花江流域典型江段水污染控制技术经济决策支持系统应用研究，在松花江流域佳木斯江段的总量减排规划制定中发挥了重要作用。该课题组在研究和试点基础上，提出了建立全过程的数据质量控制制度和水污染重点行业补充调查制度，细化排污收费标准、对污染程度不同的企业实行差别税率，充分论证提高排放标准的必要性、因地制宜制定排放标准，完善管理手段、加强对民营企业和中西部地区企业的环境监管，对管网、污泥处理费用予以考虑，以及加强水污染控制技术经济决策支持系统的应用和推广等重要建议。

"十一五"期间，水专项"水污染防治信息公开和公众参与制度及示范研究"课题提出推动企业环境信息公开重要制度：以自愿环境管理手段和上市企业环境信息披露为重点，提出我国自愿环境管理手段战略框架和路线图，以及上市企业环境信息披露办法与环境绩效评估方法,为环境保护部污染防治司出台相关政策直接提供技术支持。在地方试点层面，该课题组开发了浙江省环境信息公开平台，采集和发布了 919 个污染源（93 家污水处理厂、744 水污染企业、82 个水站）的 200 万条各类监测数据。浙江试点研究支撑了浙江省政府水污染防治信息公开与公众参与工作开展，推动了浙江省生态环保工作开展。

"十一五"期间，水专项"水污染防治政策体系总体评估、关键技术及实证研究"课题开展了我国水污染防治政策体系总体评估，提出了确立以水质为核心的水污染防治政策体系最终目标，建立以排污许可证为核心的点源控制政策，提高中央对污水处理厂建设投资的负担比例，出台农村生活源的管理政策，强化清洁生产政策，健全循环经济制度等完善政策体系的建议；开展了我国流域水污染防治政策评估模式研究，提出了定性与定量相结合的评估技术范式；选择淮河流域作为试点开展流域水污染防治政策实证评估，提出加强点源控制、对工业点源实行规范的排污许可证政策、加强城市污水处理厂监管、加强信息公开等建议。该课题研究成果为环境保护部等政府职能部门提供了政策支持和技术支撑，同时为流域和地方层面水环境管理工作提供决策参考。

"十二五"期间，水专项"流域水污染防治规划决策支持平台研究"课题针对我国流域水污染防治规划面临的若干科技支撑问题，紧扣流域水污染防治规划编制过程，开展了流域水环境经济形势诊断、水环境预测模拟、水环境规划目标分配、水环境规划方案优化决策、水环境规划投入贡献度测算5个模型系统研究和1套软件平台开发，首次耦合了中长期经济社会预测—水污染物产排放预测—水污染控制目标分配—水环境质量预测等技术环节，研发了水污染防治规划决策技术支持平台，该平台在国家“水十条”编制过程中和松辽流域“十三五”水环境管理决策中得到实际应用。为使该流域水污染防治规划决策支持平台发挥更大作用与效果，建议在“十三五”期间进一步推广平台在全国水环境管理决策支撑中的应用，拓展平台的应用范围。

“十二五”期间，水专项“国家和流域水环境保护法律制度创新及其示范研究”课题研究建立了流域水环境保护法律综合评估指标和方法体系，评估了辽河、太湖和滇池流域水环境保护法律制度；提出了完善水环境保护综合/联合执法政策建议方案及水环境污染公益诉讼制度立法建议；提出了《水污染事件环境损害赔偿鉴定技术指南（讨论稿）》，为国家相关部门提供了政策建议和技术支撑。其中，流域水生态环境损害赔偿、环境公益诉讼、流域水环境保护综合/联合协调机制等建议在《中华人民共和国水污染防治法》修订和生态环境损害赔偿制度改革文件制定过程中得到充分考虑和部分采纳。该课题研究成果也为“十三五”期间流域水污染治理市场机制相关政策的法律支撑提供了必要的理论和实践支持。

“十一五”和“十二五”期间，水专项关于决策支持机制的相关研究包括流域水污染防治技术经济决策支持系统及平台建设、环境信息公开制度及平台建设、政策体系总体评估模式和法律综合评估方法体系研究等内容，决策支持机制的研究与应用可以通过绩效评估和信息公开等方式支持环境经济政策及投融资机制更好地发挥作用，因而也是流域水污染防治和流域水环境保护市场机制研究中不可或缺的部分。

3.6　长效运营机制

“十二五”期间，水专项“太湖贡湖生态修复模式工程技术研究与综合示范”课题针对水体生态修复工程建成后缺乏长效管理、难以长期稳定运行的问题，研发集成规模化生态修复区水质水量调控技术、生态恢复前期水生植物种养技术、生态恢复后期生态系统维护管控技术及规模化生态修复区经济补偿模式，形成了《生态修复长效运行的经济、政策、法规、税收等管理模式建议稿》《贡湖湾生态修复工程长效运行维护方案》，将生态修复工程的管理精细化、模式化及可操作化，突破了生态修复工程长效运营的管理瓶颈。在长效运行管理技术体系支持下，生态修复工程建成后生态系统结构稳定、生物多样性丰富、水质维持在地表水 IV 类水以上，长期保持建成后的良好状态，达到稳定运行的效果。在经济补偿模式作用下，生态修复区获得了部分经济收益，一定程度上减轻了政府管理维护生态修复工程的经济压力，促进生态修复工程长效稳定运行。生态修复长效运行的管理技术体系具有较好的普适性，第三方运营公司基于贡湖湾湿地的建设和运维成果推广生态修复技术，在更多地区开展水体生态修复工程和长效运维等业务，开展这些业务所得收益用来反哺支持贡湖湾湿地长效运行和维护管理，形成了“技术研发—技术示范—技术推广应用—支持技术研发和示范工程长效运行”的循环发展模式，也部分减轻了地方政府的财政负担，生态修复长效运行的管理技术体系为太湖流域同类水环境生态修复工程的长效运营管理提供了重要的技术支撑。

第 4 章　我国流域水污染治理市场机制政策体系演进

明确的责任界定和充分的政策支持，是流域水污染治理各类市场机制模式赖以发挥作用的基础。在实际的水污染治理过程中，环境经济政策在调节与规范企业和地方政府环境行为的同时也起到资金筹集的作用，尤其是绿色金融政策的发展着力于引导资金流向生态环保领域，直接或间接起到融资作用，投融资政策则是具体投融资模式得以实施的政策保障。在市场机制框架下，环境经济政策与投融资政策共同构成了市场机制政策体系，推动实现水污染治理工作的环境、经济和社会综合效益最大化。本章首先明确了我国流域水污染治理权责划分的总体框架，在此基础上，分别梳理流域水污染治理环境经济政策和投融资政策在我国的发展历程和应用现状，为各典型市场机制在流域水污染治理中的推广应用提供政策支持。

4.1 我国流域水污染治理权责划分

流域水污染治理权责可以从不同角度和层面来进行分类。从权责性质来划分，包括能力建设类（管理、监督、执法等能力）、环境治理项目及设施建设和运营、减排技术研发和推广、环境责任兜底等；从权责的承担方式来看，又可划分为投融资责任、建设实施责任、运行和管理责任以及监督考核责任等。在此主要讨论流域水污染治理项目及设施建设和运营过程中各相关主体的责任分工及承担方式。

4.1.1 流域水污染治理权责划分的基本原则

流域水污染治理权责划分总体上应遵循“环境公共物品效益最大化”“污染者付费”“使用者付费”“投资者受益”“受益者负担”等原则来界定责任主体及责任边界。鉴于流域水污染治理涉及面广，牵涉利益复杂，特别是在涉及流域性、跨界污染治理、水源保护等多方共同责任的领域时，需要制定更为具体、明确和科学的制度、机制与技术方法来界定环境责任主体及其职责范围。

（1）环境公共物品效益最大化原则。要求以现有的社会环境资源，通过最优配置和使用，生产出最多的环境产品，并使环境产品在使用中达到最大效益。为了使环境公共物品效益最大化，必须分散环境产品的公共性，建立明确的环境产权，提高各类环境保护主体的积极性；必须对环境资源的自然垄断进行严格的管理和控制，防止其以牺牲环境的代价来寻求局部的、短期的私人利润。

（2）污染者付费原则。就是谁污染谁付费的原则，包括污染控制与预防措施的费用，都应由污染者来负担。该原则主要解决的是环境产品的负外部性、公共物品属性和环境资源无市场性等问题。实施污染者付费，使环境污染的所有外部成本内部化，以达到使环境污染的私人成本逐步等于社会成本，减小以至消除企业因污染带来的超额收益的目的。

（3）使用者付费原则。就是谁使用谁付费的原则，是指对某些业已发生、无法查究污染者或者查究成本过高的环境问题的治理，发生的相关费用应由该环境产品的使用者来承担。使用者付费原则主要解决的是环境资源的公共物品属性、环境产品的正外部性和环境资源无市场性等问题。通过对环境产品的所有使用者收费，把生产环境产品的社会成本分割给各受益者来承担，这样就可以避免部分使用者的"搭便车"行为。

（4）投资者受益原则。就是谁投资谁受益原则，是指由于专业的环境治理主体从事环境治理的效率和效益要高于一般的污染者各自从事环境治理的效率和效益，因此，可以把环境问题的解决任务交由这些专业的环境治理主体来进行，收益也自然归其所有。环境公共物品效益最大化原则要求环境资源的最优配置，由此必然导致由专业的环境治理主体来从事环境治理，同时获取其收益。可见，投资者受益原则是基于环境公共物品效益最大化、污染者付费和使用者付费原则而存在的。

（5）受益者负担原则。是指环境治理受益者同样也需要为环境质量的改善支付一定的费用，尤其对于一些可能并不存在确切污染主体的环境质量改善项目，应更多地考虑由环境项目的受益者来分担支付费用。此外，为了保证或提高环境质量，部分流域上游的生产者可能需要被迫或自觉放弃发展的机会，增加预防性投入和治理支出，为了鼓励流域上游生产者的有益行为，受益者通过生态补偿付费等方式来承担上游生产者的部分环境成本，可激励上游生产者实施更多的环境友好行为。这个过程中政府可以充当政策制定者、环境监管者、收入征集者或为环境付费者的角色。

（6）环境公共物品外溢性范围与行政管辖范围相适应。由于很多环境污染物可以通过空气、水和迁徙物种发生长距离的移动，由于污染物的外溢性，污染制造者会对当地和外溢地区均造成环境负外部性。因此，应在源头加强污染源监控，通过更高一级行政机构的干预，实现污染者造成的环境负外部性在不同行政区域中得到协商解决。下游地方政府有责任向上游地方政府提供环境和生态补偿类的横向转移支付；上级政府充当协调人和组织者，以推动上下游行政单位通过平等协商达成协议。

4.1.2 流域水污染治理权责划分的总体框架

随着我国经济体制从计划经济向社会主义市场经济的转变，政府、企业与市场的关系发生了根本性变化，市场逐渐成为优化资源配置的基础，企业从政府的附属物变成了市场的主体，而政府与企业分离后实现了职能转变，主要是为市场与企业服务。在流域水污染治理领域，政府、企业和社会公众在遵循一定的投融资原则的基础上重新划分了原先全部为政府承担的环境治理和保护权责。政府、企业和社会公众的环境权责虽然各不相同，但都应统一于我国社会主义市场经济体制下的流域水污染治理事业。在充分发挥市场机制的要求下，三者应按照责任机制，切实履行各自的环境权责，通过多元共治，共同实现流域水环境改善和水质安全目标。具体关系如图 4-1 所示。

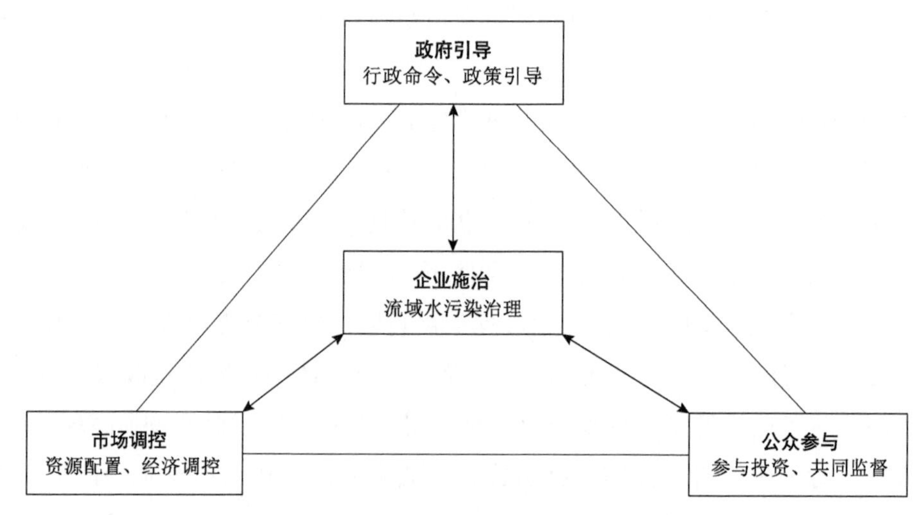

图 4-1 流域水污染治理的多元施治模式

政府、企业与社会公众之间的流域水污染治理权责划分不仅需要理论支撑、政策界定，还需要根据市场经济体制改革和生态环境形势的变化，加强环境经济计量分析，推动目前政策尚未明晰化界定的一些共担责任、交叉性责任和混合型权责界定，按照政府和市场、中央和地方等职责划分的原则理顺资金渠道，明确投资主体，实现多元共治。

1. 政府的水污染治理权责

各级政府作为环境质量的责任主体，是流域水污染治理的领导者，也是流域水污染治理相关法律、行政、技术、宣传教育和经济手段的主要执行者，政府应按照环境公共物品效益最大化原则，首先行使规制、管理和监督职能，建立合理的市场竞争和约束机制，使企业把污染危害及影响转嫁给消费者的可能性减至最小。例如，统筹制定水环境法律法规、编制国家中长期水环境保护规划和重大流域水环境保护规划，进行流域水污染治理，组织开展水环境科学研究、水环境标准制定、水环境监测评价、水环境信息发布以及水环境保护宣传教育等。政府还应当承担一些公益性很强的非营利性的水环境保护和污染防治基础设施建设、跨行政区界的污染综合治理等。对以市场为导向的经营性的水环境保护产品或技术，其项目开发和经营权应全部留归企业；对具有专业优势的从事污染治理和水环境保护等准经营项目的环保投资企业或个人，政府应制定合理的政策和规则，允许投资者向污染者和使用者收费，帮助其实现投资收益。同时，受益范围覆盖全国的环境公共产品需求，应由中央政府来提供。受益范围局限于本地区以内的地方性环境公共产品需求，应由地方政府来提供。

中央财政应重点做好跨区域环境监测、执法以及重大环保技术开发等工作。还要进一步优化资金支出方式，并加大投入力度。通过“以奖代补”等方式，充分调动企业和地方政府的积极性，引导建立多元化水环境保护资金投入机制。各级地方政府是地方水环境质量的责任主体。首先，应从加强辖区内流域水环境综合治理的角度出发，重点投资流域面源等公共治理项目，同时做好环境监测、执法、地方性标准制定以及市场不能提供的环保基础设施建设等方面的工作。其次，地方政府应为市场机制的应用推广创造条件，在流域水污染治理领域引入市场机制，制定合理的环境经济政策和投融资政策，引导企业对水污染进行有效治理或支付与治理成本基本一致的治理费用，鼓励第三方治理企业参与流域水污染治理，总体上降低社会治理成本，提高治理效率。

2. 企业的水污染治理权责

企业是流域水污染治理和水环境保护的责任主体，市场机制在流域水污染治理方面的作用主要体现在影响企业的投资行为和环境行为，利用供求、价格、交易机制等市场手段激励企业减少污染排放，提高治理效率、降低治理成本。在市场经济中，企业是生产经营活动的主体，也是水污染物的主要产生者。根据污染者付费原则，企业是水污染治理和水环境保护的责任主体，企业在严格遵守国家环境法规和政策的前提下获取经济利益，承担直接削减污染或补偿有关环境损失的责任及包括水污染风险在内的投资经营风险，不能把水污染及其风险的成本和损害转嫁给社会公众。为了降低治理水污染的总体社会成本，允许企业通过内部处理、委托专业公司处理、排污权交易、缴纳排污费等不同方式实现环境污染外部成本内部化。无论采取哪种方式或手段，企业都需要为削减污染而付费。同时，按照投资者受益原则，企业可以直接对那些可盈利的、以市场为导向的环境保护项目、产品或技术开发进行投资，也可以通过向污染者和使用者收费，实现其对某个环境项目投资的收益。

清洁生产是企业水污染治理责任的另一个重要方面，也是从源头保护水环境的重要措施。《中华人民共和国清洁生产促进法》指出，清洁生产是指不断采取改进设计、使用清洁的能源和原料、采用先进的工艺技术与设备、改善管理、综合利用等措施，从源头削减污染，提高资源利用效率，减少或者避免生产、服务和产品使用过程中污染物的产生和排放，以减轻或者消除对人类健康和环境的危害。也就是说，企业要在原材料采购、生产、包装、销售等各方面全过程地减少污染物的排放。

此外，企业的水污染治理责任还包括根据《中华人民共和国环境保护税法》缴纳排污税费。我国相关环境立法对企业排污的最重要的规制是排污税费的收取。排污收税制度体现的是“污染者付费”原则。排污税费通过政府财政分配可用于专业化的污水处理基础设施建设和运营。

3. 社会公众的水污染治理权责

城乡居民、农业生产者、环境治理受益者等社会公众是流域水污染治理的参与主体，公众的作用主要体现在公众和社会团体参与投资、监督污染者和项目决策的环境行为。社会公众有自觉减少水污染行为的责任，有支付污水处理费用的责任，有监督环境污染者的责任，也有作为投资者通过积极参与流域水污染治理资金募集从而获得投资收益的权利。在市场经济中，社会公众经常既是水污染的产生者，又是水污染的受害者，同时还是水环境保护的受益者。如果产生水污染，公众应当按照污染者付费原则，缴纳环境污染费用，促使其自觉遵守环境法规以减少污染行为。作为环境污染的受害者，公众应从自身利益出发，积极参与对环境污染者的监督，成为监督企业遵守环境法规的重要力量，以克服市场环境信息的不对称性，防止或减少环境问题的进一步产生。作为水环境治理的受益者，应按照使用者付费原则，在可操作实施的情况下，有偿使用或购买环境公共用品或设施服务，如居民支付生活污水处理费。最后，作为投资者，按照投资者受益原则，公众可通过购买市政债券等方式参与水污染治理融资并获得投资收益。

政府、企业和社会公众的水污染治理权责划分可归纳为如表 4-1 所示。

表 4-1　政府、企业和社会公众的水污染治理权责划分

污染治理主体	权责划分原则	流域水污染治理相关主要权责	主要手段
政府	环境公共物品效益最大化原则	制定法律法规、编制水环境规划；环境保护监督管理；组织科学研究、标准制定、环境监测、信息发布以及宣传教育；流域生态环境保护和建设；承担重大环境基础设施建设，跨地区的水污染综合治理工程；城镇生活污水处理；支持水污染治理环保共性技术、基础技术研发等	行政手段、宣传教育手段、经济手段
企业	污染者付费原则、投资者受益原则	治理企业水环境污染，实现达标排放；不自行治理污染时缴纳排污费；清洁生产；环境保护技术设备和产品的研发、环境保护投资与咨询服务等	技术手段、经济手段、法律手段
社会公众	污染者付费原则、使用者付费原则、受益者负担原则	缴纳排污费用、污水处理费；有偿使用或购买环境公共用品或设施服务；消费水环境达标产品；监督企业污染行为、参与投资水污染治理项目等	法律手段、经济手段、宣传教育手段

4.1.3　流域水污染治理领域分类及多元主体权责界定

就具体领域来说，流域水污染治理可分解为水环境标准制定、监测与执法，工业水污染治理，城镇生活污水治理，农业面源污染治理，黑臭水体治理，流域水环境综合治理等，每个具体领域成本效益匹配和外溢性不同，其实施的技术经济手段也不同，因此，权责的划分也不一样。

依据污染者付费、受益者负担、成本效率、外溢性范围等责任划分的基本原则，可简要将上述领域的责任承担机制（这里主要指筹资、支出责任，具体组织管理实施可根据项目特点采取市场化、政府与社会资本合作等灵活、多样化的形式）归纳为如表 4-2 所示。

表 4-2　流域水污染治理多元主体权责

流域水污染治理领域	责任主体	费用负担模式	融资渠道
水环境标准制定、监测与执法	各级政府	政府负担	财政预算支出
工业水污染治理	污染企业	污染者负担	自有资金、排污费、商业融资渠道，政府扶持（特别是针对中小企业）
城镇生活污水治理	地方政府、居民	受益者负担、政府补贴	使用者付费、地方财政、中央财政补贴、商业融资渠道、政策性贷款、民间或海外资本直接投资等
农业面源污染治理	政府、农业生产者	使用者负担、受益者负担、政府补贴	使用者付费、受益者付费、地方财政、中央财政补贴、商业融资渠道、政策性贷款等

续表

流域水污染治理领域	责任主体	费用负担模式	融资渠道
黑臭水体治理	政府、企业	政府和污染责任方负担	财政、排污费、受益者付费、商业融资渠道、政策性贷款、民间或海外资本直接投资等
流域水环境综合治理	政府、企业	政府和污染责任方负担	财政、排污费、受益者付费、商业融资渠道、政策性贷款、民间或海外资本直接投资等

4.2 流域水污染治理环境经济政策

4.2.1 排污收费与污水处理收费

1. 排污收费政策历程

排污收费是国家最早提出并普遍实行的环境管理制度之一。排污收费制度旨在利用经济杠杆调节经济发展与生态环境保护关系，运用经济手段要求污染者承担损害环境的责任，以促进排污者积极治理污染。20 世纪 80 年代以来，排污收费的政策法规和制度体系随着经济社会发展和环保事业需求而不断发展完善，在促进污染减排、筹集治理资金等领域发挥了重要作用（环境保护部环境监察局，2009）。

1979 年颁布的《中华人民共和国环境保护法（试行）》从法律上确立了我国的排污收费制度。1982 年国务院正式发布并施行了《征收排污费暂行办法》，排污收费制度在全国普遍施行。1984 年《中华人民共和国水污染防治法》规定向水体排放污染物的企事业单位均应缴纳排污费，超标还需缴纳超标排污费。1989 年《中华人民共和国环境保护法》从法律上明确了超标准排污费的管理和使用。2003 年国务院颁布了《排污费征收使用管理条例》，该条例规定了排污收费的目标、标准、功能和职责。在近 40 年的时间里，我国已经形成了较为完善的排污收费政策框架体系，包括法律规定、行政法规与部门规章，以及相关征收标准，同时也建立了排污收费相关的征收管理体制和实施机制。

2018 年 5 月，生态环境部发布《关于废止有关排污收费规章和规范性文件的决定》，废止《排污费征收使用管理条例》《排污费征收工作稽查办法》《关于统一排污费征收稽查常用法律文书格式的通知》等 27 份规范性文件，在我国实施了近 40 年的排污收费制度正式退出历史舞台。

2. 环境保护税收政策

国内对环境保护税有广义和狭义两种看法。广义环境保护税是指为实现特定的环境保护目标、筹集环境保护资金而征收的具有调节与环境污染、资源利用行为相关的各个税种及相关税收特别措施的总称，包括与环境和资源有关的一般性税种及有关环保的具体税收政策，例如，资源税、消费税、车船税等税种以及增值税和企业所得税等税种中与环境保护相关的税收规定，一般被称为环境保护税收制度或环境保护税收体系。狭义环境保护税是指以环境保护为目的，针对污染和生态破坏等行为课征的特别或独立税种，包括与生态环境保护密切相关的一些税种，如硫税、碳税、能源税等，也称为独立环境保护税（燕洪国，2013），下文所提到的环境保护税一般指狭义环境保护税。

在我国现行环境保护税法出台之前，我国税制并未设置独立的环境保护税，缺少针对污染、破坏环境的行为或产品课征的专门性税种，只是通过环境保护相关税种（如资源税、消费税、城市维护建设税）和主体税种的税收优惠条款（增值税和所得税）来间接促进污染防治和生态保护。在整个税制调整的背景下，环境保护税逐渐出现在相关法规和规章之中，最终推动环境保护税法的正式出台。

2016 年，第十二届全国人大常委会第二十五次会议通过了《中华人民共和国环境保护税法》。2017 年，李克强总理签署国务院令公布《中华人民共和国环境保护税法实施条例》，与环境保护税法同步施行。2018 年，环境保护税正式开征。环境保护税是我国首个明确以生态环境保护为目标的独立环境保护税税种，对于构建绿色财税体制、调节排污者污染治理行为、建立绿色生产和消费体系等具有重要意义。

环境保护税模式与排污收费模式都是通过经济手段实现污染者付费原则，进而实现排污企业外部成本内部化，促使排污企业自觉采取减排行为，最终实现改善环境质量的根本目标。根据环境保护税法，环境保护税的征税对象和范围与此前的排污费基本相同，征税范围为直接向环境排放的大气、水、固体和噪声等污染物。环境保护税的纳税人则是在中华人民共和国领域和中华人民共和国管辖的其他海域，直接向环境排放应税污染物的企业事业单位和其他生产经营者。《中华人民共和国环境保护税法》是我国第一部明确写入部门信息共享和工作配合机制的单行税法。环境保护费改税后，征收部门由环保部门改为税务机关，生态环境主管部门配合，确定了“企业申报、税务征收、环保监测、信息共享”的税收征管模式。环境保护税实行“国家定底线，地方可上浮”的动态税额调整机制。各地出台的税额统筹考虑了本地环境承载能力、污染物排放现状和经济社会生态发展目标要求，有利于发挥税收在生态环境保护方面的调控作用。

3. 污水处理收费政策

2012 年，国务院发布《节能减排“十二五”规划》，要求完善包括污水处理收费政策在内的促进节能减排的经济政策。

2014 年，财政部、国家发展改革委、住房城乡建设部发布《污水处理费征收使用管理办法》，针对城镇生活污水，规范污水处理费征收使用管理，保障城镇污水处理设施运行维护和建设，防治水污染，保护环境。

2015 年，《国家发展改革委 财政部 住房城乡建设部关于制定和调整污水处理收费标准等有关问题的通知》发布，其明确污水处理收费标准应按照“污染付费、公平负担、补偿成本、合理盈利”的原则，收费标准要补偿污水处理和污泥处置设施的运营成本并合理盈利；污水处理费从“吨水原则上不低于 0.8 元”上升到“居民每吨不低于 0.95 元，非居民不低于 1.4 元”，加大了污水处理收费力度；规范了污水处理费管理，明确污水处理费“收支两条线”，确保专款专用；差别收费、动态调整、分步实施、逐步上调是各地继续推进污水处理费改革的基本方向，污水处理费的改革极大促进了我国污水处理率的提高, 及时反映了污水处理状况和污水处理费的支付需要(别平凡等，2018）。

2018 年,《国家发展改革委关于创新和完善促进绿色发展价格机制的意见》发布，要求建立城镇污水处理费动态调整机制。按照补偿污水处理和污泥处置设施运营成本（不含污水收集和输送管网建设运营成本）并合理盈利的原则，制定污水处理费标准，并依据定期评估结果动态调整；具备污水集中处理条件的建制镇全面建立污水处理收费制度，并同步开征污水处理费。在已建成污水集中处理设施的农村地区，探索建立农户付费制度，综合考虑村集体经济状况、农户承受能力、污水处理成本等因素，合理确定付费标准。

4.2.2 排污权有偿使用和交易

自“十一五”以来，国务院以及相关部门对污染物排污权有偿使用和交易制度都提出了重大的需求。从 2007 年开始连续 5 年，国务院深化经济体制改革工作的意见都指出，扩大排污权交易试点范围，制订出台推进排污权交易试点的指导意见并扩大试点范围。2014 年，《国务院办公厅关于进一步推进排污权有偿使用和交易试点工作的指导意见》发布，要求到 2017 年，试点地区排污权有偿使用和交易制度基本建立，试点工作基本完成。自 2008 年起，财政部与生态环境部联合在全国范围内开展排污权交易试点工作，截至 2014 年，已确定天津、江苏、湖北、陕西、浙江、内蒙古、湖南、山西、河北、河南、重庆共 11 个排污权交易试点省（区、市）。同时四川、云南、贵州、山东等近 10 个省份也在积极开展排污权交易实践工作。到 2017 年 8 月，各地试点阶段工作任务基本完成，但各省份在推进排污权交易方面的差异也较大。其中浙江、福建的二级市场交易相对活跃，已完成多笔企业间排污权竞价交易；山西排污权交易也相对活跃，65%的交易发生在企业之间；重庆等地存在少量企业间的排污权二级市场交易，但不活跃；内蒙古、陕西等大部分省区开展的是政府向新建项目企业出让排污权，原则上仍属于一级市场（吴文华，2018）。排污权有偿使用和交易制度在实践中仍然存在二级市场不活跃、总量设定存在困难、监测核算体系有待形成、排放权初始分配需要完善等诸多问题（赵子健等，2016）。

2015 年以来，随着总量控制制度的改革与排污许可制度的建立，以环境质量为核心的目标管理理念替代了区域总量削减的考核手段，明确了环境管理的目标是质量而非总量。而以固定源排污许可量为基础的企事业单位总量控制制度逐步成为管理的主要手段。在此框架下，排污权交易的政策定位更倾向于提升固定源的精细化管理水平，辅助排污许可制度落实企事业单位的总量控制指标，通过激活企业之间的二级交易市场实现以经济手段调配企业排放需求的作用，提升绿色金融水平等（吴文华，2018）。

排污权有偿使用和交易制度在试点地区的实施，有助于地方拓宽生态环保资金筹集渠道，进而能够集中财力，解决区域性和流域性重点水环境问题。浙江通过排污权有偿使用和交易，实现了环保资金由财政拨付机制向市场和政府相结合机制的转变。重庆开展了乡镇污水处理设施纳入排污权交易的探索，由市级层面成立重庆环保投资集团有限公司（简称重庆环投公司），明确由重庆环投公司以 PPP 模式推进乡镇污水治理设施的建设和运营，并将乡镇污水处理设施削减污染物纳入交易市场，交易收益专项用于乡镇污水处理厂的运行维护，实现了环境资源和资本在城乡之间有序流动。

排污权交易市场的不断发展，为银行开发排污权质押贷款提供了可靠的保障。银行可以借助现有排污权交易市场，将出现风险贷款企业的排污权转让出去。不仅可以收回贷款本金，而且还可能获得溢价收益。因为随着国家对生态环境保护的重视，给予企业的排污权是逐步减少的。而随着经济的发展，企业会越来越多，对排污权的需求也会越来越大。虽然交易价格在未来是波动的，但在技术没有较大突破的情况下，交易价格长期看是上升的。

浙江、湖南、重庆、山西等试点省市初步建立了排污权抵押贷款投融资机制。试点省市以排污权作为担保物进行抵押融资，与银行等金融机构携手互动，解决企业短期融资困难问题，提高了排污权的资产性和流动性，推动排污权市场的全面构建。排污权抵押贷款政策性投融资机制的实施，有利于银行、企业、政府三方形成良性互动，能有效缓解企业发展面临的资金压力，共同推进绿色发展、产业转型，同时也强化社会各界对排污权“物权、财产性”的认识，对于推动企业节能减排、排污权交易市场机制建设和绿色金融发展等具有重要意义。

4.2.3 流域生态补偿

“十一五”以来，党中央、国务院多次对建立生态补偿机制提出要求：2005 年底，《国务院关于落实科学发展观加强环境保护的决定》提出，“要完善生态补偿政策，尽快建立生态补偿机制。中央和地方财政转移支付应考虑生态补偿因素，国家和地方可分别开展生态补偿试点。”2007 年，《国家环境保护“十一五”规划》提出落实流域治理目标责任制和省界断面水质考核制度，加快建立生态补偿机制。2011 年，《国民经济和社会发展第十二个五年规划纲要》就建立生态补偿机制问题作了专门阐述，要求按照谁开发谁保护、谁受益谁补偿的原则，加快建立生态补偿机制。2013 年，党的十八届三中全会提出，要健全自然资源资产产权制度和用途管制制度，划定生态保护红线，实行资源有偿使用制度和生态补偿制度，改革生态环境保护管理体制。2015 年，《中共中央 国务院关于加快推进生态文明建设的意见》提出，建立地区间横向生态保护补偿机制，引导生态受益地区与保护地区之间、流域上游与下游之间，通过资金补助、产业转移、人才培训、共建园区等方式实施补偿。2016 年，《国务院办公厅关于健全生态保护补偿机制的意见》明确要求，在江河源头区、集中式饮用水水源地、重要河流敏感河段和水生态修复治理区、水产种质资源保护区、水土流失重点预防区和重点治理区、大江大河重要蓄滞洪区以及具有重要饮用水源或重要生态功能的湖泊，全面开展生态保护补偿，适当提高补偿标准。

从 2005 年开始，生态环境部、财政部、国家发展改革委、水利部等部门积极酝酿研究制定生态补偿政策，开展流域生态补偿的试点工作。2007 年，国家环境保护总局印发《关于开展生态补偿试点工作的指导意见》，建议通过试点工作，研究建立自然保护区、重要生态功能区、矿产资源开发和流域水环境保护等重点领域生态补偿标准体系，落实补偿各利益相关方责任，探索多样化的生态补偿方法、模式，建立试点区域生态环境共建共享的长效机制，推动相关生态补偿政策法规的制定和完善，为全面建立生态补偿机制奠定基础。2008 年，环境保护部批准福建省闽江流域等首批开展生态补偿的试点地区。2010 年，财政部、环境保护部下拨安徽省 5000 万元启动资金。

2011 年，财政部、环境保护部印发《新安江流域水环境补偿试点实施方案》，新安江成为全国首个跨省流域生态补偿试点，这一试点对于在我国推进跨界流域生态补偿具有非常重要的和现实的指导意义。“十二五”期间，生态环境补偿政策试点探索稳步推进，中国 17 个省份推行了省内流域生态补偿，流域生态补偿政策在流域综合治理中的效用初显。河南、湖南、江苏等地也在进一步开展基于跨界断面水质考核模式的流域生态补偿探索。其中，河南省在省辖长江、淮河、黄河和海河四大流域 18 个省辖市实行流域水环境生态补偿机制政策试点。2016 年，为加快建立流域上下游横向生态保护补偿机制，推进生态文明体制建设，财政部、环境保护部、国家发展改革委、水利部出台《关于加快建立流域上下游横向生态保护补偿机制的指导意见》，政策层面上取得重大突破。2018 年，国家发展改革委、财政部等 9 部门联合印发的《建立市场化、多元化生态保护补偿机制行动计划》提出，“到 2020 年初步建立市场化、多元化生态保护补偿机制，初步形成受益者付费、保护者得到合理补偿的政策环境。”并进一步提出，“探索建立流域下游地区对上游地区提供优于水环境质量目标的水资源予以补偿的机制。积极推进资金补偿、对口协作、产业转移、人才培训、共建园区等补偿方式，选择有条件的地区开展试点。”与此同时，各地跨省重点流域生态补偿试点实践也在同步开展，如安徽浙江新安江、江西广东东江、福建广东汀江—韩江、河北天津引滦入津等多个流域已经建立跨省（区、市）流域生态补偿试点。

2008 年修订通过的《中华人民共和国水污染防治法》是流域生态补偿的里程碑，首次在国家正式颁布的法律中提出了水环境生态保护补偿的内容。该法第八条规定：国家通过财政转移支付等方式，建立健全对位于饮用水水源保护区区域和江河、湖泊、水库上游地区的水环境生态保护补偿机制。这一规定为建立流域生态补偿机制提供了基础的法律支撑。

2010 年，国务院将制定生态补偿条例列入立法工作计划。2013 年初，生态补偿条例草稿形成。2020 年，国家发展改革委发布《生态保护补偿条例（公开征求意见稿）》，但迄今为止，国家层面的生态补偿法规尚未正式出台。与此同时，部分省市先后发布了流域生态补偿的相关法规政策。2013 年江苏省出台《江苏省水环境区域补偿实施办法（试行）》，2014 年湖南省政府印发《湖南省湘江流域生态补偿（水质水量奖罚）暂行办法》，2015 年福建省政府发布《福建省重点流域生态补偿办法》，2016 年四川省开始实施《四川省“三江”流域水环境生态补偿办法（试行）》，2017 年河南省发布《河南省水环境质量生态补偿暂行办法》、安徽省印发《安徽省地表水断面生态补偿暂行办法》，2018 年江西省人民政府发布《江西省流域生态补偿办法》、浙江省发布《关于建立省内流域上下游横向生态保护补偿机制的实施意见》，2019 年江西省发布《江西省建立省内流域上下游横向生态保护补偿机制实施方案》，省内流域上下游横向生态保护补偿机制已经得到较大范围的应用和推广。

4.2.4 绿色金融

《中华人民共和国国民经济和社会发展第十三个五年规划纲要》明确提出：建立绿色金融体系，发展绿色信贷、绿色债券，设立绿色发展基金。从该纲要可以看出，推动绿色金融发展是今后我国金融业改革和发展的重要内容。2015年，有专家估算，“十三五”期间，我国发展绿色金融的资金需求约为14万亿～30万亿元[①]。中国银行业监督管理委员会和国家发展改革委分别于2012年和2015年分别发布了《绿色信贷指引》和《能效信贷指引》，对银行业金融机构有效开展绿色信贷、大力促进环境保护提出了明确要求，同时鼓励银行业金融机构积极开展能效信贷业务。2015年在中共中央、国务院联合印发的《生态文明体制改革总体方案》中，也详细阐述了绿色金融体系的建设要求，包括建立绿色评级体系、推广绿色信贷、支持设立各类绿色发展基金，以及积极推动绿色金融领域各类国际合作等。此外，绿色证券和绿色保险也有一定程度的发展，但绿色金融体系总体上仍处于探索和起步阶段（陈雯，2016）。

1. 绿色信贷

2007年，国家环境保护总局、中国人民银行、中国银行业监督管理委员会3部门联合出台《关于落实环境保护政策法规防范信贷风险的意见》，标志着我国绿色信贷政策的正式出台。该意见提出，加强环保和金融部门合作与联动，以强化环境监管促进信贷安全，以严格信贷管理支持环境保护，强化对企业环境违法行为的经济制约和监督，改变“企业环境守法成本高、违法成本低”的状况，提高全社会的环境法治意识，促进完成节能减排目标，努力建设资源节约型、环境友好型社会。

绿色信贷政策之所以能够抑制污染排放、促进经济结构调整，关键在于绿色信贷政策的资源配置作用能够引导资金更多地从高污染行业、产能过剩行业转向节能环保和绿色行业、战略性新兴产业，推动产业绿色转型和经济可持续发展。显然，只有金融资源从污染性行业中逐步淡出，从污染性企业中逐步退出，更多地投向绿色、节能、环保行业和战略性新兴产业，其他资源（包括土地、劳动力）才能随之重新优化配置。总而言之，推进绿色信贷政策，优化金融机构的贷款行为，调控实体企业的投资重点

① 李彪. 2015. “十三五”年均融资需求3万亿 绿色金融将开启巨无霸市场.

和方向，才能实现产业结构调整和治污减排的双赢，才能实现经济社会发展和生态环境保护的高度融合，环境质量才有可能出现根本性的好转（张平淡和张夏羿，2017）。

2. 绿色债券

随着 2015 年底中国人民银行与国家发展改革委先后推出发行绿色债券的相关指引文件，以及其他债券主管部门的政策推动，绿色债券作为中国资本市场服务实体经济可持续发展的重要工具隆重登场。

2015 年，中国人民银行发布了《关于发行绿色金融债券有关事宜的公告》和与之配套的《绿色债券支持项目目录（2015 年版）》。与此同时，中国的地方政府以及国有企业在城市基础设施、铁道交通、水利设施、清洁能源等方面的巨额投资，在改善居民生活质量、促进经济发展的同时，也使其成为最重要的绿色债券发行人（安国俊，2016）。2015 年底，国家发展改革委办公厅发布《关于印发〈绿色债券发行指引〉的通知》，该指引给出了我国绿色债券的定义，明确对 12 个领域提出了重点支持，募集资金主要用于支持节能减排技术改造、绿色城镇化、能源清洁高效利用、新能源开发利用、循环经济发展、水资源节约和非常规水资源开发利用、污染防治、生态农林业、节能环保产业、低碳产业、生态文明先行示范实验、低碳试点示范等绿色循环低碳发展项目的企业债券。2016 年，上海证券交易所和深圳证券交易所发布《关于开展绿色公司债券试点的通知》，将绿色公司债券定义为依照《公司债券发行与交易管理办法》及相关规则发行的、募集资金用于支持绿色产业的公司债券。其中，绿色产业项目范围可参考《绿色债券支持项目目录（2015 年版）》及经上海证券交易所认可的相关机构确定的绿色产业项目。2017 年，中国人民银行、中国证券监督管理委员会发布《绿色债券评估认证行为指引（暂行）》，以规范绿色债券评估认证行为，提高绿色债券评估认证质量，促进绿色债券市场健康发展。

在绿色债券政策利好信号的不断刺激下，我国的绿色债券市场迅猛发展。根据中国人民银行 2017 年和 2018 年发布的《中国绿色金融发展报告》，2017 年中国绿色债券发行量达 2500 亿元，同比增长 8.7%，全球占比超过 20%。2018 年中国发行绿色债券超过 2800 亿元，绿色债券存量规模接近 6000 亿元，已成为全球最大的绿色债券市场之一。

作为一种金融创新产品，绿色债券在我国才刚起步，发展过程中还存在标准不太完善、市场不够规范、绿色效益缺乏、绿债“漂绿”等问题或现象。我国绿色债券市场有着大量的需求，相对于普通债券，绿色债券在发行上有着更高的要求和规范，且作为募集资金专项支持绿色产业项目的一类特殊债券，绿色债券市场的发展要以法制为基础，需要政府和市场的双轮驱动、监管与市场的统筹沟通、环保理念的推广、责任投资者的培育，以及绿色金融体系的建设，共同推动绿色化发展的进程。

3. 绿色基金

我国的绿色发展基金起步较晚，但发展势头迅猛。2016 年，中国人民银行、财政部等七部委联合印发了《关于构建绿色金融体系的指导意见》。该意见提出，设立绿色发展基金，通过政府和社会资本合作（PPP）模式动员社会资本。中央财政整合现有节能环保等专项资金设立国家绿色发展基金，投资绿色产业，体现国家对绿色投资的引导和政策信号作用。鼓励有条件的地方政府和社会资本共同发起区域性绿色发展基金，支持地方绿色产业发展。支持社会资本和国际资本设立各类民间绿色投资基金。

“十三五”期间，我国环保市场潜力巨大。建立公共财政和私人资本合作的 PPP 模式绿色发展基金，提高社会资本参与环保产业的积极性，是推动绿色基金发展的重要路径（安国俊，2017）。截至 2017 年末，我国由地方政府主导或参与的绿色基金达到 50 支，社会资本主导发起设立的绿色基金达到了 200 多支（单科举，2018）。

绿色基金不仅包括绿色投资基金，也包括绿色担保基金。未来中国可以考虑设立包括绿色中小企业信用担保、绿色债券、绿色 PPP 项目担保等在内的绿色担保基金，并通过市场化、差别化的担保政策、补贴政策、税收优惠政策等进行综合调整，以担保机制的完善推进绿色产业融资风险管理与激励机制的创新，积极运用绿色担保基金解决环保企业尤其是中小企业的融资难问题（安国俊，2017）。

4. 绿色保险

2007 年，国家环境保护总局、中国保险监督管理委员会联合发布《关于环境污染责任保险工作的指导意见》，该意见明确环境污染责任保险是以企业发生污染事故对第三者造成的损害依法应承担的赔偿责任为标的的保险。利用保险工具来参与环境污染事故处理，有利于分散企业经营风险，促使其快速恢复正常生产；有利于发挥保险机制的社会管理功能，利用费率杠杆机制促使企业加强环境风险管理，提升环境管理水平；有利于使受害人及时获得经济补偿，稳定社会经济秩序，减轻政府负担，促进政府职能转变。该意见正式将环境污染责任险（以下简称环责险）纳入我国治理和保护环境的制度体系，在全国开启了大范围的环责险试点工作。

2013 年，《环境保护部　保监会关于开展环境污染强制责任保险试点工作的指导意见》发布，明确了环境污染强制责任保险的试点企业范围包括涉重金属行业、按地方有关规定已被纳入投保范围的企业、其他高环境风险企业等，要求合理设计环境污染强制责任保险条款和保险费率、健全环境风险评估和投保程序、建立健全环境风险防范和污染事故理赔机制、强化信息公开。

江苏省是首批试点省份之一。2009 年，无锡市环境保护局与无锡市人民政府金融工作办公室联合下发《关于开展环境污染责任保险试点工作的指导意见》，在全国率先开启了环责险的试点工作。2010 年，江苏省环境保护厅、中国保险监督管理委员会江苏监管局、江苏省人民政府金融工作办公室等部门经过深入调研，联合印发了《关于推进环境污染责任保险试点工作的意见》，在江苏省全面推进环境污染责任保险试点。自 2009 年“无锡模式”运作以来，无锡市创新引入第三方环境风险管理专家为企业进行投保前和承保中的环境风险评估及检查服务，有效帮助参保企业提升污染治理和环境管理水平，切实防范各类环境风险，最大限度地避免各类风险事故的发生。自环责险试点以来，无锡市累计参保企业超过 8461 家次，目前在保企业 1087 家，参保覆盖面逐年扩大，累计承担责任风险 83.61 亿元，累计保费收入 1.25 亿元，在全国地级市中排名第一。同时，通过投保企业事前风险评估、事中风险排查，及时发现和化解投保企业的风险隐患，提升了投保企业的风险管理能力（王宝敏，2020）。

5. 绿色信托

2001 年《中华人民共和国信托法》颁布，同年《信托投资公司管理办法》出台。2002 年中国人民银行颁布了《信托投资公司资金信托业务管理暂行办法》。2007 年《信托公司管理办法》和《信托公司集合资金信托计划管理办法》生效，进一步重构了原有的信托业基本法律规范体系。

尽管数量尚少，但国内信托公司在“绿色信托”方面已经与环保企业开始有了合作。信托在环保领域主要有环境保护单一资金信托和集合资金信托两种模式，已有案例中大部分采用集合资金信托计划，即信托公司同环保项目融资方之间谈判，在达成一致意见的基础上，信托公司通过发行信托计划或理财计划，由不确定的多个主体对该类信托份额进行认购（吴玺，2016）。

集合信托通过发行信托直接向社会筹集资金，在融资期限、规模、利率等方面较银行贷款宽松，而且资金使用受限也较少，吸收大量社会闲散资金形成大规模的集合资金，进入环保项目建设的领域，拓宽融资渠道，满足环保项目建设的融资需求。同时相对于银行贷款，信托贷款能帮助企业部分解决固定资产贷款困难的问题。集合信托融资前期费用较少，筹募时间短，并且借款规模小，产品周期短。从利率上来看，信托费用成本高于银行贷款，信托期限一般较长，但利于扩大信托融资规模和融资者的持续发展。风险控制机制比较完善，资金使用可靠性强（吴玺，2016）。

根据《2016年中国信托业社会责任报告》的统计数据，截至2016年末，我国信托公司存续的绿色信托项目为284个，存续资金规模为1021.9亿元，绿色信托规模占信托资产总规模的0.76%。虽然我国绿色信托表现出较好的发展态势，发展潜力巨大，但是由于其投资项目多具有“公共物品属性”“重资产”“投资周期长”等特点，加上绿色信托在我国发展时间较短，因此与绿色信贷、绿色债券等绿色金融工具相比，我国绿色信托发展尚不成熟，处在摸索蓄势阶段（邢成和王楠，2018）。

6. 环保设备融资租赁

20世纪80年代，融资租赁以外资形式从日本进入中国，但在90年代暂停。2005年《外商投资租赁业管理办法》及2007年《金融租赁公司管理办法》的发布，使我国融资租赁“重获新生”。2009年，国务院批准银行系金融租赁公司扩大试点，交通银行、招商银行、兴业银行等商业银行开始重返租赁业。2015年，《国务院办公厅关于加快融资租赁业发展的指导意见》发布，鼓励加快融资租赁业发展，更好地发挥融资租赁服务实体经济发展、促进经济稳定增长和转型升级的作用。

在中小企业为主、资金短缺、融资需求大的大背景下，融资租赁也随着环保产业投资大幕的拉开逐渐进入环保领域。从金融机构来看，目前以兴业租赁、华融租赁为代表，外贸租赁、丰汇租赁、浦发租赁等在内的众多融资租赁公司业务逐渐向节能环保领域拓展。

从环保细分领域来看，从2010年开始，融资租赁首先在污水处理、垃圾发电等领域得到了应用，随后逐渐拓展到大气污染防治、管网、河道等环境综合治理中。现阶段来看，污水处理、垃圾发电、脱硫脱硝是融资租赁开展较好的领域。而在合作对象上，融资租赁目前倾向于选择上市环保公司或集团公司。

总体来看，通过融资租赁进行融资的环保企业逐渐增多，融资规模逐年增大；融资租赁标的物逐渐由单一的环保设备向工程及附属权益拓展，融资租赁形式更加灵活。以购买环保设备为目标的客户多选择直接租赁模式，而拥有自有设备和资产的融资客户主要选择售后回租模式。

与传统的信贷相比，融资租赁的优势主要体现在以下几方面：第一，融资租赁形式灵活、门槛低，能够缓解企业的现金流压力，盘活企业资产，解决资本金问题。在环保项目建设过程中，融资租赁可以为BOT等项目提供资金支持。第二，融资租赁可以实现更高比例的融资额，一般为设备价值的70%以上甚至100%。第三，融资租赁利率略高于银行，但融资期限更长。第四，融资租赁属于表外融资，不体现在企业财务报表的负债中，因此不影响企业的资信状况。整体而言，融资租赁的低门槛以及表外融资特性，对于中小型环保企业来说更加适用。

融资租赁在中国仍处于初级发展阶段，法律法规和支持政策尚不完善。鉴于融资租赁的限制性因素多基于发展阶段的制约、环保产业的特点等，地方政府应积极落实《国务院办公厅关于加快融资租赁业发展的指导意见》，采取有效措施加快环保产业融资租赁的发展。各省、市、国家高新区及环保类园区，可通过风险补偿、奖励、贴息等政策工具，引导融资租赁公司加大对中小企业的融资支持力度，尤其是向节能环保领域倾斜。在此基础上，加强融资租赁的宣传与推广，融资租赁可成为中小企业解决融资难的重要途径（李瑞玲等，2016）。

4.3　流域水污染治理投融资政策

4.3.1　专项资金

专项资金是财政部门或上级部门下拨的具有专门指定用途或特殊用途的资金。专项资金有三个特点：一是来源于财政或上级单位；二是用于特定事项；三是需要单独核算。流域水污染防治专项资金是指由中央财政设立的用于淮河、海河、辽河、太湖、巢湖、滇池等流域型水污染防治的专项资金。

国家级和省级专项资金建立了公开的管理标准、严格的申请程序、专业的评审机制和规范的公示制度，通过专项资金的实际运行和资助过程，将为获得资助的项目带来较高的声誉和投资信心，为这些项目的未来发展以及取得良好的社会效益和经济效益，创造了有利条件。通过设计良好的专项资金设立使用方式，专项资金能够撬动企业、社会和个人资金，并切实将其引入到流域水污染防治领域。设立专项资金，通过对这些事关产业发展全局的基础性或战略性的领域、环节和项目进行资助，能够有效地解决市场失灵问题，从而为我国流域水污染防治工作打下坚实的基础，提供有力的支撑。设立专项资金，也表明了政府对流域水污染防治的重视，向全社会传达着政府推进污染治理的坚决态度和立场。

中央财政自 2007 年起开始设立专项资金用于重点流域水污染治理,并不断调整和完善资金支持政策。2007 年，财政部印发《三河三湖及松花江流域水污染防治财政专项补助资金管理暂行办法》，重点支持淮河、海河、辽河、太湖、巢湖、滇池三河三湖以及松花江流域水污染防治。2011 年，财政部印发《三河三湖及松花江流域水污染防治考核奖励资金管理办法》，进一步支持三河三湖及松花江流域水污染防治项目建设。2012 年，财政部、环境保护部印发《三河三湖及松花江流域水污染防治项目资金管理办法》，持续支持重点流域的水污染治理项目。2013 年，财政部、环境保护部印发《江河湖泊生态环境保护项目资金管理办法》，广泛支持湖泊、河流、地下水等流域生态环境保护。2015 年，财政部、环境保护部印发《水污染防治专项资金管理办法》，支持重点流域水污染防治、水质较好江河湖泊生态环境保护和饮用水水源地生态环境保护等。2019 年，财政部印发《水污染防治资金管理办法》，进一步规范流域水污染治理专项资金的使用，提高财政资金的使用效益。

流域水污染治理专项资金投入的绩效逐步与财政资金分配、政府付费等挂钩，推进了生态环境保护投资从规模型向效益型转变（别平凡等，2018）。2015 年专项资金规模为 130 亿元，到 2019 年中央水污染防治专项资金预算投入达到 190 亿元，中央财政水污染治理资金投入力度持续加大。

4.3.2 地方政府债券

《地方政府债券发行管理办法》明确，地方政府债券是指省、自治区、直辖市和经省级人民政府批准自办债券发行的计划单列市人民政府（以下称地方政府）发行的、约定一定期限内还本付息的政府债券。地方政府债券包括一般债券和专项债券。一般债券是为没有收益的公益性项目发行，主要以一般公共预算收入作为还本付息资金来源的政府债券；专项债券是为有一定收益的公益性项目发行，以公益性项目对应的政府性基金收入或专项收入作为还本付息资金来源的政府债券。

1994 年通过的《中华人民共和国预算法》第二十八条明确规定：地方各级预算按照量入为出、收支平衡的原则编制，不列赤字；除法律和国务院另有规定外，地方政府不得发行地方政府债券。“地方政府债券”的禁令一直保持至 2009 年。

2009 年，国务院批准财政部代理发行 2000 亿元地方政府债券，列入省级预算管理。国务院明确规定，地方政府债券资金主要安排用于中央投资地方配套的公益性建设项目及其他难以吸引社会投资的公益性建设项目，严格控制安排用于能够通过市场化行为筹资的投资项目。为使上述规定更具可操作性，财政部还配套下发了《2009 年地方政府债券资金项目安排管理办法》，进一步细化了债券资金的使用方向。

2011～2013 年，财政部先后 3 次发布《地方政府自行发债试点办法》，首次将债券的自主发行权下放到试点政府。2014 年，《2014 年地方政府债券自发自还试点办法》

出台，我国地方债发行制度进入“自发自还”阶段。2015 年，财政部印发《地方政府一般债券发行管理暂行办法》，明确我国省级政府具有自行发债的资格，地方政府债券发行制度逐步规范化。

2014 年，国务院发布《关于加强地方政府性债务管理的意见》，首次提出“专项债券”，地方政府债券从单一的一般债券，演变为一般债券与专项债券并存格局。2015 年，江苏省成功发行了首支政府定向置换专项债券，拉开了专项债券发行的序幕。自此，我国专项债券规模稳步扩大（袁彦娟和程肖宁，2019）。

2018 年，财政部发布《关于做好 2018 年地方政府债券发行工作的意见》，进一步推动地方政府债的市场化进程。2020 年，财政部发布《关于进一步做好地方政府债券发行工作的意见》，要求“不断完善地方债发行机制，提升发行市场化水平”“加强地方债发行项目评估，严防偿付风险”“完善地方债信息披露和信用评级，促进形成市场化融资约束机制”。2020 年，财政部发布《地方政府债券发行管理办法》。2021 年，财政部印发《地方政府债券信用评级管理暂行办法》。我国地方政府债券管理制度体系正逐步完善。

2018 年第二次修正的《中华人民共和国预算法》第三十五条规定：“经国务院批准的省、自治区、直辖市的预算中必需的建设投资的部分资金，可以在国务院确定的限额内，通过发行地方政府债券举借债务的方式筹措。举借债务的规模，由国务院报全国人民代表大会或者全国人民代表大会常务委员会批准。省、自治区、直辖市依照国务院下达的限额举借的债务，列入本级预算调整方案，报本级人民代表大会常务委员会批准。举借的债务应当有偿还计划和稳定的偿还资金来源，只能用于公益性资本支出，不得用于经常性支出。”这一规定从法律上保证了地方政府的债务规模、用途、调整及偿还方案等均受到中央政府的监督管理，从而杜绝了地方政府为弥补财政赤字而私自发行地方债券的可能性。随着《中华人民共和国预算法》的最新修订，地方政府已经获得了发行地方政府债券的法律依据，为地方基础设施建设提供了更加有力的法律保障。但从现阶段地方政府债券发行的规模来看，发行规模仍然较小，无法满足地方经济发展的需求。

2015～2019 年，我国地方政府债券发行额分别为 38351 亿元、60458 亿元、43581 亿元、41652 亿元、43624 亿元，其中地方政府一般债券发行额分别为 28607 亿元、35340 亿元、23620 亿元、22192 亿元、17742 亿元，地方政府专项债券发行额分别为 9744 亿元、25118 亿元、19961 亿元、19460 亿元、25882 亿元[①]。专项债券发行额占年度发

① 数据来源：中国地方政府债券信息公开平台. 全国地方政府债券发行额（年度）.

行额的比例从2015年的25%提升至2019年的59%，专项债券发行比例已明显超过一般债券。根据国际上规定的地方政府债券发行的警戒线来看，我国地方政府债券的数量还有发展的空间。如果地方政府债券的发行规模受到限制，就无法达到地方发展的要求，使得市场活力不足（吴奇，2020）。我国地方政府债券制度实施时间较短，现阶段我国地方政府债券制度仍然存在着相关法律不完善、信用评级体系不成熟、市场化程度有待提高、偿还机制不完善等问题（王秋阳，2020）。

4.3.3 政策性银行贷款

政策性银行（policy banking institution）是指由政府创立，以贯彻政府的经济政策为目标，在特定领域开展金融业务的不以营利为目的的专业性金融机构。政策性银行不以营利为目的，专门为贯彻、配合政府社会经济政策或意图，在特定的业务领域内，直接或间接地从事政策性融资活动，充当政府发展经济、促进社会进步、进行宏观经济管理的工具。

银行贷款可分为商业性银行贷款和政策性银行贷款，是我国流域水污染治理的常规融资渠道之一。商业性银行贷款利率较高，主要针对一部分经济效益较高、具有投资还贷能力的污染治理和综合利用项目。政策性银行贷款一般则针对无明显经济效益或经济效益不高的公益性治理项目，具有指导性、非营利性和优惠性等特殊性，在贷款规模、期限、利率等方面提供优惠。一般来说，国际和国内政策性银行贷款利率较低、期限较长，有特定的服务对象，其放贷支持的主要是商业性银行在初始阶段不愿意进入或涉及不到的领域。

另外，政策性银行贷款明显有别于可以无偿占用的财政拨款，而是以偿还为条件，与其他银行贷款一样具有相同的金融属性——偿还性。因此，政策性银行贷款的运行，在强调其政策性投向的同时，也应遵循银行资金运营的基本规律，加强贷款管理，提高贷款质量，以保证信贷资金的安全，促进政策性银行的健康发展（李新明，2001）。

1993年，国务院发布《国务院关于金融体制改革的决定》，决定建立政策性银行，组建国家开发银行、中国农业发展银行、中国进出口信贷银行，该文件是政策性银行筹建的主要法律文件。1994年中国政府设立了国家开发银行、中国进出口银行、中国农业发展银行三大政策性银行，均直属国务院领导。2015年，政府工作报告首次明确“发挥好开发性金融、政策性金融在增加公共产品供给中的作用”，同年，国务院明确国家开发银行定位为开发性金融机构，以服务国家发展战略为宗旨，以国家信用为依托，以市场运作为基本模式，以保本微利为经营原则，以中长期投融资为载体，发挥专业优势，支持重大项目建设，避免期限错配风险，同时发挥中长期资金的引领带动作用，引导社会资金共同支持项目发展。

政策性银行贷款可以引导社会资本投向。一是政策性银行通过自身的先行投资行为，给商业性金融机构指示了国家经济政策的导向和支持重心，从而消除商业性金融机构的疑虑，带动商业性资金参与；二是政策性银行通过提供低息或贴息贷款可以部分弥补项目投资利润低而又无保证的不足，从而吸引社会资本的参与；三是政策性银行通过对基础行业或新兴行业的投入，可以打开经济发展的瓶颈或开辟新的市场，促使社会资本的后续跟进。

4.3.4　政府和社会资本合作（PPP）

我国在改革开放之初，为了吸引国外的资金和技术理念就已经开展了 PPP 模式的探索。随着社会主义经济体制改革的进行，为了满足公共基础设施建设及运营需求，保证经济持续增长，利用民间资本增加投资，政府放宽了社会资本进入公共基础设施服务行业的标准。

2004 年，国务院发布《关于投资体制改革的决定》，鼓励和引导社会资本以独资、合资、合作、联营、项目融资等方式，参与经营性的公益事业、基础设施项目建设。2014 年，国务院发布《关于创新重点领域投融资机制鼓励社会投资的指导意见》，要求创新生态环保投资运营机制，大力推行环境污染第三方治理；积极推动社会资本参与市政基础设施建设运营，鼓励社会资本通过特许经营、投资补助、政府购买服务、委托经营、TOT 等多种方式投资和运营污水、垃圾处理等市政基础设施项目。

2014 年，财政部发布《财政部关于推广运用政府和社会资本合作模式有关问题的通知》《关于印发政府和社会资本合作模式操作指南（试行）的通知》《财政部关于政府和社会资本合作示范项目实施有关问题的通知》《关于印发〈政府和社会资本合作项目政府采购管理办法〉的通知》。这是部委级别首次正式提出“政府和社会资本合作”的标准说法，也是首次专门就 PPP 模式发布的框架性指导意见，对 PPP 模式进行了详细明确的界定，部署了 PPP 推广及其他相关事宜。同年，《国家发展改革委关于开展政府和社会资本合作的指导意见》发布，从项目适用范围、部门联审机制、合作伙伴选择、规范价格管理、开展绩效评价、做好示范推进等方面，对开展政府和社会资本合作提出具体要求。

2015年，财政部和环境保护部联合发布《关于推进水污染防治领域政府和社会资本合作的实施意见》，要求规范水污染防治领域PPP项目操作流程，完善投融资环境，引导社会资本积极参与、加大投入。同年年底，财政部发布《关于实施政府和社会资本合作项目以奖代补政策的通知》，旨在通过以奖代补方式支持和推动PPP示范项目加快实施进度，提高项目操作的规范性，保障项目实施质量；此外，《国家发展改革委 国家开发银行关于推进开发性金融支持政府和社会资本合作有关工作的通知》也就推进开发性金融支持PPP项目提出了指导性意见。

2016年，财政部、国家发展改革委发布《关于进一步共同做好政府和社会资本合作（PPP）有关工作的通知》，着重提出了建立完善合理的投资回报机制和提高PPP项目融资效率；同年，财政部发布《关于在公共服务领域深入推进政府和社会资本合作工作的通知》，探索开展两个“强制”试点，在垃圾处理、污水处理等公共服务领域，项目一般有现金流，市场化程度较高，PPP模式运用较为广泛，操作相对成熟，各地新建项目要“强制”应用PPP模式，中央财政将逐步减少并取消专项建设资金补助。

2017年，《财政部 住房城乡建设部 农业部 环境保护部关于政府参与的污水、垃圾处理项目全面实施PPP模式的通知》发布，要求对政府参与的新建污水、垃圾处理项目全面实施PPP模式；同年，财政部、中国人民银行、中国证监监督管理委员会发布的《关于规范开展政府和社会资本合作项目资产证券化有关事宜的通知》也提出规范推进PPP项目资产证券化工作；《基础设施和公共服务领域政府和社会资本合作条例（征求意见稿）》发布，中国PPP立法取得了实质性推进。

2018年，为进一步规范生态环境领域政府和社会资本合作模式，《生态环境部关于生态环境领域进一步深化“放管服”改革，推动经济高质量发展的指导意见》中首次提到EOD模式：“探索开展生态环境导向的城市开发（EOD）模式，推进生态环境治理与生态旅游、城镇开发等产业融合发展，在不同领域打造标杆示范项目。”

2020年，生态环境部、国家发展改革委、国家开发银行联合发布《关于推荐生态环境导向的开发模式试点项目的通知》，落实2018年指导意见，向各地区征集EOD模式备选项目，充分体现出高层对项目落地的关注和支持。

2021年，生态环境部、国家发展改革委、国家开发银行联合发布《关于同意开展生态环境导向的开发（EOD）模式试点的通知》，批准落实了EOD模式的具体试点项目，标志着我国EOD模式正式进入实施阶段。EOD模式的实施同样需要政府和社会资本的充分合作，属于广义上的政府与社会资本合作，创新和应用 EOD 这一生态环境导向的环境治理模式，有助于提升地方环境治理水平，推动社会经济环境高质量协同发展。

我国流域水污染治理领域的政府和社会资本合作目前正处于发展阶段，相关法律法规尚不完善。从 PPP 项目的全生命周期来看，仍然面临着诸多风险，需要在项目筹备、采购、执行和移交阶段探索相应的风险应对策略，使项目风险得到有效管理。总体来看，PPP 项目筹备阶段主要面临公众反对风险和项目实施风险，项目采购阶段主要面临低价中标风险和合同缔约风险，项目执行阶段主要面临融资和偿债等资金风险、设计和建造风险，以及运营和维护风险，项目移交阶段则面临税务风险和资产移交风险（夏芸，2020）。因此，地方政府在推动流域水污染治理过程中，应统筹考虑 PPP 项目风险，借鉴国内外经验，整合运用多种风险防范和应对策略，确保水污染治理项目持续稳定运营，实现环境、经济和社会效益最大化。

4.4 我国流域水污染治理市场机制政策体系及推动方向

4.4.1 我国流域水污染治理市场机制政策体系及适用条件

基于国内外研究与实践进展可知，目前我国可服务于流域水污染治理的市场机制政策体系包含了两大类：一类是环境经济政策，包括排污收费、污水处理收费、排污权有偿使用和交易、流域生态补偿、绿色金融政策等；另一类是投融资政策，包括专项资金、地方政府债券、政策性银行贷款、政府和社会资本合作等，不同市场机制政策的适用条件具体见表 4-3。市场机制政策体系的应用，一方面可以拓展流域水污染治理的资金来源，另一方面可通过市场化治理模式的建立提高治理效率，降低治理成本。地方政府在完善流域水污染治理市场机制政策体系时，可从完善环境经济政策和投融资政策角度出发，基于国家政策发展现状、地方治理现状和治理需求，借鉴典型流域创新经验，进一步落实和完善当地市场机制政策体系。同时，对比分析国内外市场机制和经济模式，各级政府还应该从完善制度基础、加强技术支撑、强化监管能力、推动信息公开和公众参与等方面，进一步夯实流域水污染治理市场机制的应用基础。

表 4-3 流域水污染治理市场机制政策体系及其适用条件

政策类型	政策名称	适用条件
环境经济政策	排污收费（税）	针对排污单位
	污水处理收费	针对污水处理受益单位和城乡居民
	排污权有偿使用和交易	针对排污单位，市场经济较发达区域
	流域生态补偿	针对不同行政区跨界断面水质达标和改善需求
	绿色金融	针对污染企业、第三方治理企业、社会资本、公众
投融资政策	专项资金	针对非经营性流域治理项目
	地方政府债券	针对非经营性和准经营性流域治理项目
	政策性银行贷款	针对非经营性和准经营性流域治理项目
	政府和社会资本合作	针对经营性和准经营性项目及非经营性项目的具体运作

4.4.2 进一步推动我国流域水污染治理市场机制完善的主要方向

基于我国流域水污染治理市场机制应用的理论研究与政策演进现状，结合国外市场机制成功经验对中国的借鉴，在此提出进一步推动我国流域水污染治理市场机制完善的主要方向。

1. 制度基础

主要市场机制政策中，排污收费（税）方面，随着 2018 年《中华人民共和国环境保护税法》开始实施，我国的排污收费制度已经发展为排污收税制度，制度体系更加完善。排污权有偿使用和交易方面，2020 年《排污许可管理条例》的发布为排污权有偿使用和交易制度的建立奠定了必要的法规基础，但目前我国的排污权有偿使用和交易政策仍然处于试点应用阶段，仅在部分经济发达省份取得较好的实践效果，应进一步明确排污权有偿使用和交易的法律地位，对排污权有偿使用和交易的范围及方式做出明确规定，以保证排污权有偿使用和交易的合法化，保障企业在排污权交易中买卖自由、信息共享，促进市场的公平竞争。同时，还需要建立一个完整的制度体系，具体包括环境容量与排放总量的确定、排放源的排放标准、初始排污权的分配、许可证的管理、排污权配额的定价、交易规则、交易程序、交易监管以及保障机制等，为市场参与主体提供一个公平、公开、安全的交易环境。以制度建设为契机，全面推行并不断完善排污权有偿使用和交易制度。流域生态补偿方面，2017 年修正通过的《中华人民共和国水污染防治法》在法律中提出了建立健全对位于饮用水水源保护区区域和江河、湖泊、水库上游地区的水环境生态保护补偿机制的条款，为建立流域生态补偿机制提供了基础的法律支撑，但目前尚未出台国家层面的流域生态补偿法规。国家层面生态补偿立法的严重缺失，造成我国各地生态补偿实践普遍存在法律依据不充分的问题，没有对跨行政辖区的流域生态补偿问题、中央和各级地方政府在流域生态补偿中的责任分工、补偿主体、补偿对象和客体等关键问题做出规范，目前也没有国家层面的流域生态补偿的实施办法、技术指南等政策文件出台。因此，完善流域生态补偿法规制度迫在眉睫。未来应加快制定流域生态补偿法规和制度化进程，为中国流域生态补偿的开展奠定良好的制度基础。地方政府债券管理方面，随着 2018 年《中华人民共和国预算法》的最新修订，地方政府已经获得了发行地方政府债券的法律依据，同时财政部最新印发了《地方政府债券发行管理办法》和《地方政府债券信用评级管理暂行办法》，我国地方政府债券管理制度体系正逐步完善。

总体而言，“十三五”时期，我国流域水污染治理市场机制的制度建设已经取得较大进展，但在排污权有偿使用和交易、流域生态补偿、投融资、绿色金融等领域的制度支撑仍然存在较多缺失，需要在实践中不断完善。

2. 技术支撑

流域水污染治理市场机制的技术支撑能力较为欠缺的领域主要体现在排污权有偿使用和交易与流域生态补偿机制这两个方面。尽管水专项在试点地区对于排污权有偿使用和交易工作中各个关键环节的管理技术均已开展了多方面、多层次的探索研究，初步形成支撑排污权有偿使用和交易的技术体系，但仍有许多亟待解决的技术难题。例如，缺乏一套标准的排污权初始价格形成机制，如何确定排污指标的初始价格，体现资源的稀缺性，在试点实践中存在较大争议；对于排污权指标实际使用量的核定方面，目前尚未建立一套科学的技术规范，各地在确认排污单位的排污权时，往往以企业提供的环境影响评价报告、排污收费、监督性监测数据、企业自测数据等多种数据为基础，以产排污系数法、绩效法、监测法等多种方法确定企业排放指标。这种做法往往混淆了企业的允许排放量即“排污权”与企业实际排放量之间的关系，为政策推行带来了认知障碍，因此亟须建立完善统一排污权和实际排放量核定的技术方法。流域生态补偿方面，技术支撑不足是各地流域生态补偿实践存在的一个突出问题，特别是补偿标准的合理设置方面，目前各地流域生态补偿标准的设置是政府主导的，没有标准的科学方法测算作为依据，也不是流域上下游政府反复“讨价还价”后形成的“协议补偿”，补偿标准令人难以信服。采用政府主导的模式，以行政手段实现上下游之间的生态补偿，虽然能够起到积极的作用，但距离建立可操作性的技术规范以及合理、长效的跨省流域生态补偿机制存在较大的差距。如何对流域上下游组成主体（即补偿主体、补偿客体以及监督协调者）进行准确的判定及明确；如何建立合理可行的跨省生态补偿约束机制，进而对其进行准确和严格的过程控制；如何通过非市场化及市场化的手段完善生态补偿资金筹集机制；如何有效计量补偿主体提供生态环境服务所付出的现实代价和潜在发展损失，从而建立切实可行的跨省生态补偿标准核定机制等仍是亟待解决的技术难题。

总之，排污权有偿使用和交易及流域生态补偿两项环境经济政策实施的技术不足，主要表现在价格形成机制与过程控制机制两个方面，仍然需要通过进一步的研究与试点实践不断完善，为国家有关部门和流域地方政府建立相应机制，提供具有可操作性的技术规范与管理技术支撑，进而建立合理、长效的市场化流域水污染管理机制。

3. 监管能力

流域水污染治理监管能力包括环境监测能力和监察能力，目前的环境监测、监察能力无法满足市场机制政策实施对于环境监测能力的需求。排污权有偿使用和交易方面，从排污权的初始分配到最终的排污总量核定，都必须依赖准确、高效的环境监测能力。目前，我国污染物排放计量的基础相对薄弱、监管能力不足，实时监测（在线监测、刷卡排污等）覆盖面较小，且在线监测设施的数据准确性和稳定性方面依然存在争议，更没有建立起配套的严格、准确、连续的监测机制，这给确定企业的实际排放情况带来障碍，许多地区尚不能达到该项政策所需的监测条件，生态环境部门对企业实际排放状况的跟踪记录和核实难以全面、有效开展，直接影响排污权有偿使用和交易市场的建立，对政策的有效实施提出了重大挑战。流域生态补偿方面，流域生态补偿机制的实施需要跨行政区域交界断面水质与水量监测数据、污染源减排监测数据、配套的监察机制等作为支撑。为确保流域生态补偿机制的实践，需要建立多层级的跨界断面水质在线监测制度，制定水质在线监测方案，确定监测规范和监测对象，研究数据的有效性和认定办法，研究在线监测制度与跨界水质考核机制的关系等。在现行监测网络和监察体系不能满足要求的情况下，应借鉴国内外实践经验进行必要的改进和补充。流域水污染治理投资成效评估方面，如农村生活污水治理，由于各地治理能力和进展状况的差异，不少地区尚未建立完善的农村生活污水治理设施进出水水质及水量监测监管体系，农村生活污水治理成效有待进一步评估。

总之，目前我国流域水污染治理环境经济政策实施和治理成效评估方面的监测与监管能力均存在显著不足，只有通过增加监测仪器配置、加强监测人员专业技能培训、完善日常环境监察机制等“从软件到硬件”的全面建设，才能进一步提高环境管理部门的监管能力，及时了解区域内实际发生的排放情况，也只有在统一、公平、公开的环境监测体系下，才能使得流域水污染治理市场机制应用全过程接受公众监督，提高政策的透明度，真正做到公平、公正、公开。

4. 公众参与和信息公开

随着公众生态环境保护意识的不断提升，公众参与正逐渐成为生态环境保护的社会推动力量。和很多发达国家相比，中国生态环境保护的政策框架还是以传统的行政命令手段为主，近年来环境经济手段有了一定发展，但公众参与和信息公开的手段，无论是从司法保障、政策制订还是具体操作层面，都存在着很多不足，公众参与生态环境保护的成本依然很高。公众参与流域水污染治理更多体现为末端参与的传统模式。政府一般以环境质量报告、环境公报、环境统计等信息公开方式告知公众环境治理的结果，但是对环境决策、环境治理过程的参与却非常有限。

在流域水污染治理市场机制应用的过程中，一方面，公众可以通过污水处理付费、购买生态标记产品、购买地方政府债券等具体形式，实现对流域水污染治理资金筹集过程的直接参与；另一方面，排污权有偿使用与交易、政府专项资金、地方政府债券、政府和社会资本合作等方面的全过程信息公开，将有助于推动公众利用闲置资金筛选合适的流域水污染治理投资途径，在获取经济和环境效益的同时积极参与流域水污染治理过程和成效的监督，推动流域水污染治理政府、市场、公众三方联动。

第5章 流域水污染治理市场机制典型模式及总体框架

地方政府在推动流域水污染治理投资、建设及运营的过程中，仍然面临着一系列的问题和制约，影响了流域水污染治理的实际效果。尽管如此，各地在推进流域水污染治理过程中仍然探索出一系列成功的市场机制模式，一方面利用环境经济政策和投融资政策筹集资金，拓展治理资金来源，另一方面则通过投融资模式和长效运营机制的不断创新，保障流域水污染治理设施的建设和长效稳定运营。

本章还提出了流域水污染治理市场机制应用的总体框架，地方政府可基于当地的流域水污染治理现状和治理需求，识别影响当地流域水污染治理持续运营的关键制约因素，参照市场机制总体运行框架，分析现有市场机制体系的进展与不足，根据市场机制模式库的各项支持政策、投融资模式、长效运营机制的特点及适用条件，进一步完善支持政策，明确主体责任，推动形成符合实际的、具有当地特色的多元共治的流域水污染投融资模式和长效稳定运营模式。

5.1　我国流域水污染治理持续运营的关键制约因素

我国的流域水污染治理工作目前仍然面临着一系列的问题，包括治理设施建设和运维资金保障不足，专业运维管理保障不足，后期监管能力不足，技术、设施、资本利用效率较低等。为有效发挥市场机制作用，需要充分了解问题背后的制约因素，借鉴已有成熟的典型水环境治理市场机制手段和经验，进一步完善流域水污染治理市场机制，持续推动流域水污染治理工作。流域水污染治理的众多领域中，农村生活污水治理是目前的重点推进领域之一。市场机制在推进农村生活污水治理方面已经取得一定成效，但总体治理进展仍然相对滞后，污水治理设施建设及运营等方面问题较多。结合文献研究和实地调研成果，本节重点以农村生活污水治理为关注领域来分析流域水污染治理的关键制约因素。

5.1.1　流域水污染治理持续运营面临的主要问题

1. 资金筹措难度大，建设和运维资金缺口大

农村生活污水治理设施属于农村基础设施建设项目，其建设、运维以及监管均需要长期、持续地投入大量的公共财政资金。实地调研发现，除浙江、江苏南部等经济发达地区外，大部分财政能力相对薄弱的地区，现有设施“建得起、用不起”的现象普遍存在，而如果以实现农村生活污水治理设施全覆盖为目标，建设资金缺口十分巨大。以东部沿海经济发展较好的江苏省和福建省为例，江苏省 2020 年农村生活污水治理行政村覆盖率已达到74.6%，但如果严格按照生态环境部双60%标准核算（行政村治理覆盖 60%自然村、自然村治理覆盖 60%农户才认定此行政村基本完成治理），江苏省农村生活污水治理率仅为 31.1%。按照“十四五”江苏省农村生活污水治理率提升至 60%进行初步核算，全省需新增 20000 个自然村、275 万～300 万名农户的治理，需投资 550 亿～600 亿元。以目前户均 2.5 万元的建设成本计算，全省 1100 多万名农户生活污水全部治理，需要资金超过 2750 亿元，资金筹措难度相当大。福建省 2019 年底全省农村（行政村）生活污水治理率达到 66.5%。“十四五”期间，按照全省农村生活污水治理率达到 80%以上，33 个县按计划完成治理进行测算，总投资为 240 亿元。

目前，我国正在以县级行政区为基本单位推进农村生活污水治理，区县主要采用的运维模式包括第三方运营、PPP、镇村自行运维等模式，总体看年度运维成本普遍较高，地方政府难以承受。广州市从化区已基本实现农村生活污水治理自然村全覆盖，农村生活污水收集率达 83%以上，采用第三方运营模式，按照非纳入城镇治理村运维养护标准[26 元/（人·a）]，2019 年共安排设施运营维护管理资金 393.84 万元。常州市新北区采取 PPP 模式推进农村生活污水治理，2018 年已实现行政村生活污水处理设施全覆盖，规划发展村（自然村）生活污水治理设施覆盖率达 87.1%，计划到 2025 年自然村生活污水治理率达到 90%，预计“十四五”末仅运维费每年将接近 1000 万元。徐州市睢宁县目前行政村治理覆盖率已达到 93%，采取 PPP 模式整县推进农污治理，力争 3 年内实现农污治理全覆盖，农户覆盖率达到 95%以上，预计 2023 年日处理水量将达到 4 万 m^3 以上，年运行费用预计达到 1500 万元。三明市沙县 2020 年行政村治理率达到 85.8%，建有集中式污水处理站 57 座，主要由镇村负责运维，镇村基本无运维资金，每年县级财政仅支出基本的设施运维资金 600 万～700 万元，还不包括设施及管网的维修等成本。武夷山市已建成农村生活污水处理设施 128 套，全部由属地负责运行维护，年度运维资金 200 万～300 万元，维护效果仍然不理想，设备维护、管网疏通及修缮资金仍然缺乏保障。目前已着手委托第三方专业机构进行第三方运维，测算的年运维费用为 450 万元。

2. 维护管理不到位，缺乏专业技术人员和专业运维机制

根据农村生活污水治理专项统计分析，截至 2018 年，我国已建成农村生活污水处理设施 30 多万套，处理能力近 1000 万 m^3/d，普遍采用村集体运维、乡镇运维、县区政府运维和第三方运维四种模式，占比分别为 34%、34%、6%、26%。统计结果发现，经济发展水平相对较高的东部地区，约 30%采取的是第三方运维，中部地区以村集体运维为主的达 50%以上，委托第三方运维仅占 15%。调研发现，经济发达地区的设施运维保障普遍优于经济水平相对滞后的地区（贾小梅等，2020）。

统计结果表明，约 2/3 的农村生活污水治理设施采用镇村运维模式。但镇村大都未建立专门的工作机制和专业的管理队伍，专业技术人员缺乏，难以胜任污水处理设施的专业化系统维护。部分设施由于缺乏专业管护人员，日常只进行简单的环境卫生管理，无法保障运行效果；部分设施由于长期无人维护，污水处理效果降低，甚至完全没有处理效果。早期建设的配套管网也因为建设质量不高和缺乏维护普遍存在管网老化、破损等现象，从而带来管网漏水导致设施进水量偏少，或地表水大量渗入影响设施处理效果等问题。此类问题在经济发展相对落后的山区或丘陵地带较为普遍，如江西、福建、重庆、四川等省市的部分欠发达地区。福建全省仅 1/4 村庄委托第三方运维，稳定运行难以保证。四川省丘陵山区多数地方未出台农村生活污水处理设施运行维护管理办法，未明确界定各运营方主要职责。受技术专业、经费缺乏等因素限制，很难实现生活污水处理设备长效稳定运行。

3. 后期监管能力不足，设施治理效果无法保证

农村生活污水处理设施的运维主体一般为乡镇政府或村集体，由于设施运行部门本身属于政府部门或村民自治组织，运行管理出现问题难以追责。城镇生活污水处理设施的监管由各地政府生态环境部门负责，但农村分散式污水处理设施数量多，分布广，通过生态环境部门进行全面监管受到人力财力的限制，早期大量已建成的设施实际上处于无监管状态。同时，由于运行主体经费有限，全部安装在线监控设施实施监管也较为困难，建好后听之任之的现象普遍存在。四川省的一次调研结果显示，全省丘陵山区仅 52%的农村生活污水治理设施运转正常，近一半设施未能正常运行。

目前我国农村生活污水治理总体上仍处于设施建设阶段，中西部地区主要考核指标以设施覆盖率、治理率、正常运行率为主，设施达标运行情况尚未普遍纳入考核指标，大部分设施仅在项目验收时进行出水水质监测，日常运行效果无法确认。2020 年起，各地生态环境部门开始加强对日处理能力 20 m^3 以上污水处理设施的监测监管，日处理能力 20 m^3 以下的分散处理设施的有效监管仍然需要进一步加强。此外，大部分中西部地区尚未对设施进水浓度进行规定，部分南方降水丰沛地区调研显示设施进水浓度较低，尽管设施出水达标率较高，实际上设施建设并未充分发挥治理作用。

4. 技术、设施、资本利用效率较低

截至 2021 年，我国农村生活污水治理率仅为 28%左右[①]。由于早期农村生活污水治理设施建设多参照城市生活污水治理模式，治理资金也大多来自各级专项治理资金，未充分考虑农村地区居住分散、常住人口少、进水浓度低的实际情况，大多数村庄以单一项目建设模式开展治理，设施建设成本相对较高，设施处理规模和出水标准往往超过实际需求，部分调研设施实际负荷率不足设计规模的 1/3，部分设施还因为村庄搬迁等原因而废弃，未能充分发挥技术应用、设施治理和资本投入的预期效益。目前，我国正处于快速城镇化、老龄化阶段，农村青壮年人口大量向城镇集中，农村常住人口多为老人及儿童，城镇近郊农村城镇化速度快，偏远农村则正在不断空心化。而农村生活污水治理普遍按照户籍统计的常住人口采用政府投资进行设施建设运营的模式，村庄拆迁或人口减少等原因将导致设施因收不到水等原因而废弃，而一般污水治理设施的寿命为 10～20 年，不能充分发挥设施建设应有的效益。

5.1.2 流域水污染治理持续运营的关键制约因素分析

通过调研可知，流域水污染治理持续运营所面临的主要问题来自资金、技术、监管、效率等多个方面，其中，资金问题是影响和决定流域水污染治理持续运营的核心问题。

1. 区域经济发展水平落后

流域水污染治理作为政府公共服务的重要内容之一，理应由政府来提供必要的资金、技术和监管能力等方面的服务。但我国各地经济发展水平差异较大，中西部地区地方政府财政能力不足，流域水污染治理建设资金多依赖上级专项资金拨付，地方没有专门的资金用于支撑水污染治理项目的持续运营。江西省某地利用中央专项资金开展农村生活污水治理，在选取治理技术时特地要求选择人工湿地技术，其选择的理由是人工湿地后期运维成本低，地方不需要支付后续费用。然而实际上，即便采用人工湿地技术，农村生活污水治理设施要持续发挥作用，采取专业维护和支付一定的人工成本仍然是必要的。在这种情况下，为保证流域水污染治理的持续运营，上级财政对于水污染治理运维资金的支持也是十分必要的，可通过以奖代补、纳入地方考核等形式，鼓励地方政府加强对流域水污染治理设施的运营维护。

① 生态环境部召开 4 月例行新闻发布会. 2022.

2. 技术模式不适用

通过流域水污染治理技术体系的研发与应用，各典型流域应用了各种不同类型的治理技术开展流域水污染治理。但不同治理技术的适用条件、建设和运营成本、操作维护难度、使用寿命等各不相同，其具体的适用区域也不相同。如果单纯追求处理效果，采用一些高大上的治理技术和治理工艺，对于一些经济不发达、专业技术人员不充分的地区来说，一方面难以承受经济成本，另一方面也难以进行持续的专业运维，其实际治理效果往往并不理想。水专项“流域水污染治理与水体修复技术集成与应用”项目通过对现有城镇污水治理、农业面源治理、农村生活污水治理、水体修复等治理技术开展技术、经济、环境效益综合评估，从中筛选适用技术，为各地基于评估结果选择适用治理技术提供了必要的技术支撑。

3. 政府、企业、公众权责划分不清晰

对地方政府而言，尽管法律上已经明确了地方政府是负责地方水环境质量的责任主体，但部分地区流域水污染治理项目与设施的责任主体与运维主体并不清晰。一方面，早期水污染治理项目和设施虽然可通过各种途径获取资金完成建设，但一些项目因为质量、程序等问题未能移交给当地政府，项目责任主体不明确，不能保障正常运行；另一方面，部分已经移交给地方政府的项目与设施，地方政府未将运维资金列入地方财政预算，项目运行无稳定资金来源，同样无法保障长效运行。对企业而言，根据污染者付费原则，企业有治理污染或支付污染治理费用的责任，随着对企业监管能力的不断提升，企业污染治理达标排放率不断提高。但从排污税费的征收方面来看，目前企业支付的税费仍然无法弥补污染治理的实际成本，需要政府补贴，企业仍然没有实际承担全部的治污成本。对公众而言，依据污染者付费原则，目前种植业、养殖业等农业面源和农村生活污染尚未纳入付费范围，依据受益者付费原则，流域下游的企业和公众普遍未对上游因放弃发展机会和开展环境治理付费，治理费用仍主要由各地方政府承担，下游的政府、企业和公众尚未承担生态补偿的责任。需要在完善投融资机制的同时，进一步明确政府、企业、公众的主体责任，共同推进流域水污染治理。

4. 投融资机制不明确不合理

目前我国流域水污染治理主要由政府付费，发达地区可通过市场机制解决政府治理资金不足和长效运行的问题，发展中地区则更多依赖上级的专项资金和转移支付，往往仅考虑项目和设施的建设，对如何保障项目和设施的长效运营考虑不足，或者尚

未建立长效运营及监管机制，或者简单依赖政府部门维持运行，对于项目和设施的实际治理效果关注不够。需要进一步完善投融资机制，统筹考虑流域水污染治理的投资、建设、运营、管理的全过程，保障流域水污染治理项目与设施的长效稳定运营。

5. 资源利益分配机制不明确

流域水污染治理是一项长期工程，在整治工作开展之初，就应充分考虑项目和设施的资金保障、建设和运营模式，确保治理项目可以长期稳定运营，持续发挥治理效果。政府直接投资治理存在治理成本高效率低的问题，因而需要企业和市场的参与，但企业参与流域水污染治理在达到相应的治理要求和考核要求时应获得相应的投资回报；水污染治理项目外部性较强，因而需要政府通过政策支持，允许企业通过捆绑运营高回报项目或者打包运营一定范围内的所有项目，以降低治理成本，提高投资收益。公众通过个人或机构投资或者参与监督等形式参与流域水污染治理，同样需要持续有力的政策支持，保证公众可以获得稳定的投资回报或其他参与收益。

5.2 流域水污染治理市场机制典型模式及适用条件

基于相关市场机制政策体系的发展和应用现状，本节着重结合案例应用介绍目前服务于我国流域水污染治理的典型市场机制模式，各项环境经济政策、投融资模式、长效运营模式基于各自不同的基本特点和适用条件共同组成市场机制模式库，可服务于流域水污染治理项目的资金筹措、设施建设、长效运营等几个方面，更好地发挥市场机制在流域水污染治理过程中的作用。

5.2.1 资金筹措机制

1. 环境经济政策

环境经济政策在推动流域水污染治理过程中发挥了重要作用，各级政府是制定和发布环境经济政策的责任主体，地方应根据当地实际情况采用相应的环境经济政策。污水处理收费政策是城镇污水处理厂持续运营的重要资金来源，适用于城乡一体化、供排水一体化较为成熟的区域；排污权有偿使用和交易政策在江苏、浙江等经济发达地区起到了较好的资金募集效果，适用于区域水环境容量不足且市场经济较为活跃的地区；各具特色的流域生态补偿机制一方面增加了地方政府治理水污染的动力，同时也为地方流域水污染治理增加了资金来源，适用性较为广泛，满足监测能力的条件下，各地可根据当地实际情况，构建纵向或横向的，跨省界、市界、县界或乡镇交界的流域生态补偿机制，推动地方落实水污染治理责任的同时，募集治理资金。

典型案例：

2013 年，江苏省出台《江苏省水环境区域补偿实施办法（试行）》，根据“谁达标、谁受益，谁超标、谁补偿”的原则，实行“双向补偿”，即对水质未达标的市、县予以处罚，对水质受上游影响的市、县予以补偿，对水质达标的市、县予以奖补。2016 年江苏省制定了《江苏省水环境区域补偿工作方案》，进一步完善了“双向补偿”制度，将原有 66 个补偿断面增加到 112 个，并提高了补偿标准。2016～2020 年，纳入补偿范围的 112 个补偿断面达标率从 60%左右提升至 91.7%以上。同时，该项政策的实施显著增加了流域水环境治理投入，“十三五”以来，全省共筹集区域补偿资金 11.36 亿元，带动了各类投资超过 53.5 亿元，涉及各类项目 326 个。

2. 专项资金模式

专项资金是中央财政部门或上级部门下拨的具有专门指定用途或特殊用途的资金，中央环境保护专项资金是指中央财政预算所安排的，并专项应用于环境保护的财政性资金。除了中央财政，省级和地方财政设立的专项资金也发挥着重要作用。自 2007 年中央财政设立“三河三湖及松花江流域的水污染防治专项资金”以来，专项资金一直都是我国流域水污染治理的主要资金来源之一。2015 年，财政部、环境保护部在整合原江河湖泊生态环境保护项目资金的基础上设立了新的水污染防治专项资金，中央财政对流域水污染治理的支持力度进一步加大。在经济发展相对薄弱的地区，中央财政专项资金已成为开展区域水污染治理工作最有力的资金支撑。地方政府可根据当地水污染治理需求，按照国家重点关注的河流水污染治理和水生态修复、饮用水水源地保护、农村生活污水治理、农业面源治理等方向，提出项目申请，积极推进项目入库，争取上级财政专项资金的支持。

从调研结果来看，各典型流域水污染治理的资金来源中，大部分都有中央财政专项资金的投入。尤其是在中西部不发达地区，中央财政资金往往是当地水污染治理的最重要的资金来源。对流域水污染治理而言，需要有针对性地增加中央财政专项资金的支持力度。在太湖流域江苏省等经济发达地区，专项资金的投入不仅直接为流域治理注入资金，还可以引领投资方向，带动更多社会资本投入流域水污染治理领域。江苏省在太湖治理方面的成果经验就是一个典型案例。

典型案例：

2007 年 9 月江苏省政府印发了《江苏省太湖水污染治理工作方案》，提出要每年安排治理太湖专项资金。从 2007 年起，江苏省财政每年安排 20 亿引导资金，重点支持列入国家和江苏省治太方案的工程项目。江苏省发展和改革委员会牵头提出年度专项资金安排方案，报江苏省人民政府批准，江苏省财政厅负责专项资金拨付下达，对其使用和管理进行监督，江苏省太湖水污染防治办公室、江苏省环境保护厅共同参与资金项目分配。2007～2019 年专项资金已安排 13 期，约 260 亿元。到 2018 年，太湖湖体总体水质已达到Ⅳ类（不计总氮）。为更好发挥专项资金的支持和引导作用，加强资金的使用和管理，2017 年江苏省制定了《江苏省太湖流域水环境综合治理省级专项资金和项目管理办法》并不断修订完善。

3. 地方政府债券模式

地方政府债券是地方政府筹措地方建设资金的重要手段，筹措的资金可用于当地城乡基础设施、流域水污染治理等公益性项目的建设。地方基础设施建设资金依靠发行地方债券筹得，既不会造成税收在特定年份的突然增加，又为基础设施建设提供了资金来源。地方政府债券可由地方政府及其代理机构发行，在这一过程中，政府募集了水污染治理所需资金，第三方企业和公众则可以通过购买专项债券获得投资回报，同时更多地参与到流域水污染治理过程当中。

典型案例：

浙江省支持地方政府自主发债筹集“五水共治”建设资金，帮助符合条件的企业通过上市、发行债券和债务融资工具进行直接融资。2014 年，依托浙江股权交易中心平台，绍兴市上虞区交通投资有限公司作为债券发行人发行“五水共治”债券，10 多天内完成募集资金 2 亿元。这是全省首个用于“五水共治”项目的“五水债”。随后，全省各地相继发行“五水共治”项目的相关债券，吸引金融资本和民间资本参与到治水工作中去。“德清恒丰五水债”是依托浙江股权交易中心平台，由德清恒丰建设发展有限公司作为债券发行人，自上线以来，已募集资金 1.6 亿余元，既能集中力量让政府办大事，又能让老百姓得到较好的投资回报。

4. 政策性银行贷款模式

银行贷款是基础设施建设的传统资金来源之一，但普通商业贷款利率较高。流域水污染治理项目作为基础设施建设项目，符合条件的地区可争取国家政策性银行贷款、开发性金融机构贷款和国际银行贷款，这类贷款均具有指导性、非营利性或微利性、优惠性等特殊性，在贷款规模、期限、利率等方面提供优惠，可减轻地方政府在短期内的资金压力，确保项目建设顺利实施。一般来说，政策性金融机构不以营利为目的，贷款利率较低、期限较长，有特定的服务对象，其放贷支持的主要是商业性银行在初始阶段不愿意进入或涉及不到的领域，可弥补项目投资利润低而又无保证的不足，同时指示了国家经济政策的导向和支持重心，从而吸引社会资本的参与。

典型案例：

江西省赣州市石城县是千里赣江源头县，是国家重点生态功能区、江西省生态文明先行示范县，流域水污染治理任务艰巨。石城县流域污水治理总投资约 2.5 亿元，其中争取国家和省级资金补助 1490 万元，国家专项建设债券基金 7000 万元和政策性银行贷款 1.5 亿元，县级财政配套资金 1510 万元，从四个方面筹措资金，有效保障项目建设。其中，政策性银行贷款所占投资比例最大。

安徽省淮河流域水污染防治世界银行贷款项目于 2001 年 9 月签订“贷款协定”和“项目协议”，项目建设内容包括蚌埠、淮北、淮南、阜阳、亳州、宿州、六安、涡阳 8 个市县的 580 公里污水管网、32 个泵站和 4 座污水处理厂等。项目总投资 11.1 亿元，利用世界银行贷款 7125 万美元。其中，世界银行投资 580 公里管网和 4 座污水处理厂，总处理能力为 155000 t/d（陈磊，2010）。世界银行贷款的落实，对淮河流域水污染的治理起到重要作用。

5. 社会捐资模式

企业和公众除了可通过各种形式的投资参与流域水污染治理，还可以通过公益捐赠的方式，无偿支持流域水污染治理，更好地履行企业和公众的社会责任。为缓解流域水污染治理资金的不足，部分民营经济发达地区的地方政府开启了面向社会公众的资金募集方式，鼓励地方精英、乡贤等有一定经济实力的企业和个人以公益捐赠的方式参与流域污染治理，这就是社会捐资模式。这种方式是对其他投融资方式的有力补充，在解决资金难题的同时，也提升了社会公众对流域污染治理的参与程度，一方面增强公众污染减排意识，另一方面也对流域水污染治理状况进行更广泛的社会监督。

典型案例：

浙江省金华市2014年即广泛动员各界捐资1.8亿元，传递了“全民治水”的积极信号，其中市本级“五水共治”社会捐赠资金4000多万元用于流域生活污水治理。福建省泉州市鼓励经济能人、外出乡贤等捐资建设污水处理设施。福建省泉州市田底村乡贤和村集体出资40万元（占总投资的三分之一），建设集中生活污水处理设施，基本解决了全村的污水处理问题。

5.2.2　项目建设保障机制

1. EPC总承包模式

设计、采购、施工（engineering procurement construction，EPC）总承包模式是指政府直接投资新建流域水污染治理工程项目，由一家独立单位通过招投标程序承担项目的设计、采购、施工、试运行服务等工作，并对承包工程项目的质量、安全、工期、造价全面负责，保障工程建设成效的项目建设模式。由一家单位进行总承包的EPC模式具有如下优点：①提高投资效益。EPC建设模式优势在于充分发挥设计的主导作用，由总承包商从一开始就对项目进行优化设计，充分发挥设计、采购、施工各阶段的合理交叉和协调作用，降低管理及运行成本，提升投资效益。②缩短项目建设周期。进行一次招标选定EPC总承包商，无需对设计、采购、施工单独开展招投标工作，减少招投标的时间投入；采用EPC建设模式，在完成施工图设计后即可进入施工阶段；预算及财政审核同步进行，缩短建设周期。③主体责任明确，避免各方责任不明。EPC建设模式由一个单位完成工程项目设计、采购、施工，责任主体明确。避免设计单位、制造商和施工单位之间的责任界限难以划分的问题。

典型案例：

福建省漳州市漳浦县自2012年开始在官浔、长桥、盘陀三镇开展流域水污染治理项目建设，其中盘陀镇环境综合整治项目采用EPC总承包模式。盘陀镇项目总投资1584万元，中央、省市、县各配套资金691万元、734万元、159万元，直接受益人口2.6万人。建设日处理1500 m^3集中式污水站1座、日处理100 m^3污水站2座、日处理50 m^3生活污水的太阳能生态塘处理系统1座、日处理30 m^3污水站1座，建设提升泵站 7 座，建设配套管网、沟渠工程等合计 16 km。项目前期进行了总体设计规划和资金整合，基于村庄实际分布和污水排放情况，项目公司没有按照每个村庄 200 万元的资金标准来规划建设，而是统筹考虑，合理布局，在 6 个村庄共建了 5 个设施，实现了村庄污水全部收集处理。

2. 政府购买服务模式

政府购买服务模式，是政府投资通过招投标方式选出社会资本为农村生活污水治理等公共建设服务，资金来源以政府投资为主，政府通过分期付款的方式购买社会资本方的设施建设及运营服务。在这种模式下，政府和社会资本方通过合同约定付费方式及考核要求，社会资本方必须保证项目或设施工程建设质量，才能保证治理设施持续稳定达标运行，确保投资收益。当政府着眼于当下设施建设及运营的需求，可与社会资本方约定短期建设服务期限，政府主要通过购买服务模式减轻政府一次性投资压力，同时保证工程质量；当政府着眼于更长期限的设施建设及运营服务，则更接近于设计、采购、施工和运营一体化（engineering procurement construction+operation，EPC+O）模式，实现投资-建设-运营的一体化操作。

典型案例：

厦门市集美区“政府购买服务”模式采用“设计+施工+3 年运营管理”一体化采购建设的模式，有效统一了设计、施工、运营单位的责任。在以政府财政支出为主的情况下，地方政府以分期付款的形式，一次性解决了工艺选择、运行管理、达标排放、一次性投入大量资金等问题。与 PPP 模式不同，这一方式更多着眼于当下问题的解决，在政府财政许可的前提下，迅速有效地实现对农村分散式污水处理设施的全覆盖和有效运行。完成设施全面覆盖后，政府可以通过第三方运营等方式，实现污水处理设施的长效运营。分散式农村污水处理设施的建设运营造价为 4500 元/m^3，此价格为厦门地区最低，此模式在全福建省也较为领先。

5.2.3　投资–建设–运营一体化机制

1. BOT 模式

BOT 模式在国内外已有较长时间的普遍应用。在新建污水治理设施方面，经常采用 BOT 模式，即企业投资兴建新的污水处理设施，设施建成后企业拥有设施所有权并按约定年限经营，到达约定年限后企业将正常运行的设施及设施所有权无偿移交给公共部门。由于产权归属的要求，BOT 模式也可以按照如下模式进行操作，即企业在设施建成后把所有权移交给公共部门并获取特许经营权，按约定年限经营该污水处理设施，经营期间企业按规定向用户收取污水处理费用。在 BOT 模式下，政府制定污水处理收费标准，由具有相应资质的环保企业负责工程的投资、建设和运营，企业通过政府付费或向用户收费回收投资并获取投资收益，用户则按照使用者付费原则支付污水处理费，同时参与监督污水治理企业的正常运行。

典型案例：

北京姚辛庄村污水处理项目是首都副中心村级治污第一个完成项目，项目位于北京市通州区马驹桥镇东北侧姚辛庄村，紧邻七支渠中上游，服务人口 2435 人。该项目主要针对姚辛庄村北侧、中侧和南侧共 3 个排污口的生活污水进行治理，总规模为 250 m^3/d，由北京市桑德环境工程有限公司投资、建设、运营、移交（BOT），特许经营年限为 15 年，污水治理采用多级生物接触氧化工艺，出水水质执行《水污染物综合排放标准》（DB11/307—2013）B 排放限值。该项目的建成和投入使用，大大改善了姚辛庄村的水环境质量。该项目入选 E20 环境平台 2017 年度中国农村污水处理优秀案例和 2018 年重点环境保护示范工程。

2. 区域一体化 PPP 模式

区域一体化 PPP 模式是 PPP 的一种具体操作模式，项目整体运作模式与 PPP 模式完全一致。区域一体化 PPP 模式由政府和社会资本共同投资成立专门的项目公司并获取特许经营权，由社会资本方开展项目融资和建设运营，社会资本方通过政府付费的形式获取合理的投资收益。区域一体化 PPP 模式通过定期考核、根据考核结果定期支付运营服务费用的方式，既满足了政府开展流域水污染治理的需求，也可以有效降低政府在流域治理方面一次性投入过大的资金压力，同时最大限度保证了流域水污染治理的成效。在流域水污染治理过程中，这种模式的特点是以整个区县作为一个整体来进行打包的项目运作，解决分散式处理设施建设项目独立融资成本过高的问题。同时，进行区域一体化整体考量后，可以在整个区域的层面上进行水污染治理设施的规划设计，实现区域治理需求与设施分布的最优结合，总体上降低投资成本。此外，区域一体化 PPP 模式可以有效实现区域内污水处理设施的专业化运维，降低单个设施的运维成本。

典型案例：

常熟市根据《常熟市城市总体规划（2010—2030）》《常熟市镇村污水处理专项规划（2016—2030）》的要求，通过 PPP 模式引入社会资本，通过财政付费购买社会服务，推进农村污水处理工作，实现农村人居环境质量的提高。2015 年以来，常熟市着力深化“四个统一”治理模式，构建了“政府购买服务、企业一体化运作、委托第三方监管”机制。2015 年，常熟市发起农村分散式污水处理 PPP 一期项目，对 330 个自然村实施生活污水收集治理，污水收集量为 4129.4 m^3/d，受益农户约 12268 户。该项目总投资约为 2.69 亿元，户均投资 2.2 万元，污水处理服务费 2176.39 元/（户·a），通过竞争性磋商，选定供应服务商，中标服务费为 1935 元/（户·a），由政府绩效考核后付费。资金来源于自有资金和债务性资金，其中项目公司项目资本金占总投资比例 25%，约 6700 万元，贷款融资占比 75%，约为 2.03 亿元。贷款融资由社会资本方向银行申请，由中国银行常熟分行担任融资机构并提供贷款融资，该贷款是以收费权为质押的 15 年长期贷款，贷款利率为银行中长期贷款基准利率下浮 10%。项目公司股权结构为政府方持股 35%，社会资本方持股 65%。该项目采用 BOT 模式，特许经营权期限为 26 年，其中建设期 1 年，商业运营期 25 年。

3. EPC+O 模式

EPC+O 是指政府方将项目的设计、勘察、采购、施工和运营维护委托给一个具备相应总承包资质条件的社会资本方，并由该社会资本方全权实施的创新合作模式。EPC 总承包模式可以有效解决设施建设过程中出现的一些问题，但并不涉及后期运营维护。以 EPC 模式建设的设施在交付政府之前，承建企业需要进行一段时间的试运行，经验收合格后正式交付给地方政府。采取这种模式的企业一般都具有设施运营维护的资质和能力，可以对设施整体进行专业运维或者仅只针对设施进行技术方面的维护和管理。近年来，为了保障污水处理设施运行，部分地区创建了 EPC+O 模式，政府投资开展流域水污染治理项目，通过招投标程序将工程建设与设施运营交由同一家社会资本方负责，保证设施建设质量的同时，实现设施的规模化、专业化运营管理，总体上提高了运营效率，降低了运营管理的成本。

典型案例：

江苏省丹阳市污水处理采用 EPC+O 模式进行整市推进，与社会资本方签订 20 年合同，解决了资金来源和运营模式的问题。丹阳项目为村庄生活污水治理建设及运维服务项目，服务范围为388个自然村，共计44011户。建设内容主要包含三格式化粪池、污水管网、一体化污水泵坑、污水处理设施等的建设。项目运维服务内容为对已建成村庄污水治理工程主体的日常巡视、保养、检修、重置更新等，保障服务范围内村庄生活污水不外流溢出，污水出水水质满足相应标准。丹阳市村庄污水处理厂（站）采取整体打包托管运营方式交由社会资本方统一运营管理，采取建成一批、验收一批、移交一批的分阶段接管模式，最终全部交付社会资本方统一运维管理。项目建设投资约为6.1亿元，运维服务费总额约2.34亿元，项目总投入约10.3亿元（含资金成本），项目合作期内由招标人向中标人支付村庄生活污水治理服务费[①]。

4. 省级环保集团模式

近几年来，陕西、辽宁、浙江、广西、青海、内蒙古、重庆、江苏、广东等省区先后成立省级环保集团公司，调集优质资源进行组合，打造环保综合服务平台。这些环保集团有一个共同的宗旨：整合政府治理资金，贯彻一省重大环保决策，实施重大环境基础设施项目，撬动社会资本进入环保领域，减轻政府环境污染治理资金投入压力，提升环境治理项目运营效率，构建长效运营机制的市场化运作模式。省级环保集团的核心在于资源的调动能力，可以调动一省最优的环保资源，如资金、人才、团队、技术等，以集中优势资源解决突出问题。省级环保集团为国有企业单位，有政府背景，实施市场化运作，在贯彻省级环保决策的同时，可通过市场化运作降低投资成本，减轻政府投资压力，提升治理效率，保证流域水污染治理的持续稳定运营。

典型案例：

2015年，重庆市政府成立重庆环保投资有限公司（简称重庆环投公司），整合农村环境连片整治、三峡库区移民后续建设等资金，破解资金碎片化难题，盘活国家和地方财政投资形成的100多亿元农村污水处理资产。同年，《重庆市人民政府办公厅关于印发重庆市乡镇污水处理设施建设运营实施方案的通知》印发，明确由重庆环投公司负责全市1584座乡镇污水处理设施“投、建、管、运”一体化运营，各区县人民政府分别授予重庆环投公司长期特许经营权，并签订特许经营合同，各区县人民政府以购买服务方式支付污水处理服务费。重庆环投公司实施乡镇污水处理设施“投、建、管、运”一体化运营模式，已建成设施大修、技改、重置、折旧、

① 张晓娟. 2018. 34个农村污水治理典型案例详解（上篇）.

自然灾害损害等均已由各区县“自投、自建、自管”转变为重庆环投公司一体化运营管理，所需资金均通过市场融资渠道解决，有效地化解了区县政府因财力不足“建得起、用不起、管不起”的管理体制难题，生态环境效益逐步显现。

5. 设施及服务租赁模式

设施及服务租赁模式是指政府租赁第三方公司的一体化污水处理设备和服务，用于进行临时性、阶段性流域污水治理的模式。这种模式采用一体化治理设施，无须建设永久性构筑，企业拥有设施所有权，政府或业主通过购买服务获得设施的使用权，适用于有阶段性、临时性治理需求的区域，如农村生活污水治理、黑臭水体治理等。设施及服务租赁模式的主要优势有：①设施由第三方建设并运行，避免了污水处理站运行管理难的弊端。②业主采用租赁（支付约定的运行费用）形式对污水处理设备拥有使用权，产权仍然归属第三方，避免了建设成本的投入。③采用政府购买服务的形式对服务效果进行监督管理，确保了处理效果。④当某一区域的阶段性问题得以解决之后，企业可以将设施拆除，以租赁或其他方式用于其他有需要的区域，提高设备使用效率。

典型案例：

为尽快解决黑臭水体问题，北京市在规划建设新的污水处理管网和设施的同时，采用租赁方式对一些敏感河段和排污口进行临时治理，临时污水处理设施的建设和运营采用租赁模式，由各区县政府进行公开招标，中标方负责投资、建设及运营，政府付费。待管网和污水处理厂可以正常发挥作用后，租赁过程便可停止，企业的设备和运营服务可以转移到其他有需要的地区。例如，海淀区临时污水治理即采用了设施及服务租赁模式。

重庆市渝北区复兴镇小湾社区污水处理站位于重庆市渝北区，服务于小湾社区的生活污水，污水处理站规模 300 m^3/d，处理工艺为逆向曝气一体化设备，租用两套日处理能力为 150 m^3 的设备并联运行，处理后达到《城镇污水处理厂污染物排放标准》（GB 18918—2002）一级 B 标准。业主提供污水处理站场地 100 m^2，负责厂界 220V 电源接入；业主在污水站建设方面投入为零。租赁期限为 3 年，吨水处理费用为 2.5 元，分季支付污水处理设备租赁费和运营托管费用，年支付费用 21.9 万元。

6. 捆绑运作模式

将非经营性的生活污水治理项目与产业、园区、生态农业、林下经济、乡村旅游等经营性开发项目进行“捆绑”推进，实行整体开发和建设，实现相互促进、互利共赢，吸引社会资本投入，保障设施建设及专业运营管理，就是生活污水治理的捆绑运作模式。捆绑运作的资金来源可以是政府投入或者社会资本投入，用高收益项目的开发运营弥补低收益项目建设及运营资金的不足。这种模式下，高收益项目可有效吸引社会资本参与，公益性低收益项目则着重满足区域公共服务需求，通过高收益和低收益项目的捆绑推进，可在保证总体盈利的情况下推进流域水污染治理等公益性项目开展，提升区域水环境质量。当生态环境治理与产业经营捆绑运作模式进一步完善，实现生态环境治理与产业经济发展的充分融合，逐步建立产业收益补贴生态环境治理投入的良性机制，也就形成了生态环境导向的项目开发模式，即 EOD 模式。

典型案例：

重庆市万盛经济开发区注重因地制宜，推动环境整治与产业发展互利共赢，不断激发乡村发展潜力。该开发区切实加强青山湖国家湿地公园、板辽湖等乡村旅游景区景点、农家乐和农户生活污水的集中治理，并将涉及全区 12 条河流、16 个饮用水水源地、4 个重点湖泊的农村水环境治理纳入河（库）长制管理。近年整合各类资金 1.1 亿元，建设农村生活污水管网 27.5km，污水处理设施 131 套，集镇污水处理设施实现全覆盖，农村生活污水处理率达 70%。同时，积极推动农旅融合，大力发展乡村旅游。该开发区结合发展全域旅游，倾力打造乡村旅游联动发展带，建成青山湖国家湿地公园、板辽湖金沙滩、丛林菌谷、凉风梦乡村、尚古村落等乡村旅游景区景点，持续推动乡村生态振兴，加快建设美丽、幸福、现代的新型经济技术开发区（何君林等，2019）。

7. 收集外运模式

生活污水收集外运是指将农户的生活污水收集后集中存储于村庄内部或周边的储存池中，定期将储存池中的生活污水抽运至污水处理厂或就近的城镇污水管网进行处理，或者转运后开展资源化利用的模式，适用于市政管网覆盖成本高、禁止建设污水处理设施或已纳入拆迁计划但短期内不会实施拆迁且不具备接管处理条件的村庄以及有资源化利用条件的村庄。污水收集外运方式一般由政府投资负责管网及储存池建设、维护和污水转运，具有方便灵活、占地少、成本低三大优点。具体来说，就是可以不受制于外围管网分布和地形情况，只需在村庄内选择合适地点建设污水储存池，一般容量在 30～100 m^3，通常为埋入式，周围可进行绿化，不影响美观，也不影响农户生活出行，还可供村民种植蔬菜、植物等。并且集污池后期维护不需要专业技术人员，相对操作简便，村庄上可以自行组建维护队伍，降低运营成本。

典型案例：

江苏省无锡市锡山区村庄多呈点状分布，较为离散，市政污水管网一次性全面覆盖到位较为困难。因此，锡山区早期不建污水处理设施，而是建设钢筋砼集水池，收集农村生活污水定期外运。项目建成后，每一户农户生活污水经过化粪池初步处理后，通过配套管网收集到集水池，镇村利用抽粪车定期抽取集水池污水并运送至最近的污水井内，污水进入城镇污水管网，最终进入城镇污水处理厂进行处理。污水外运项目后续长效管理采取属地管理形式，管理资金由镇级承担，目前管理方式主要有 3 种：一是行政村委托有资质的第三方来维护，按照长效管理细则及考核办法进行考核，依据考核结果支付养护费用；二是行政村组建维护队伍，根据水量状况对废水进行外运，并做好台账记录；三是由镇（街道）统一进行维护，按日结算，并做好台账记录。采用收集外运模式建设集水池一次性投入成本每吨污水仅 0.25 万元，后期运维无须用电，只需定期抽运，外运距离一般在 3 km 以内，每年运维成本为 1.5 万～2.5 万元，使用年限可达 50 年以上，总体费用显著低于自行建设污水处理设施及运维的模式[①]。

5.2.4　长效运营保障机制

1. 运营经费保障机制

持续稳定的运营经费是确保流域水污染治理设施长效运营的重要内容。地方政府可根据当地政府财政情况、专项资金情况、生态补偿开展情况、污水处理收费情况等确定适合的经费保障机制。

1）财政列支模式

财政列支模式是指地方政府将征收的污水处理费列入财政支出计划，用作区域污水处理设施的运营经费，不足部分由政府财政进行兜底补贴。适用于经济较为发达，普遍征收污水处理费的区域。资金来源主要为污水处理费和政府其他财政收入。

① 无锡锡山区因地制宜处理农村污水 不建处理设施 收集定期外运. 中国环境报，2016-08-04（6）.

典型案例：

江苏省苏州市、常熟市等城乡一体化建设较为成熟的地区均已建立了农村生活污水处理收费机制，将污水处理费纳入自来水费中一并收取，如苏州市2019年自来水费3.25元/m^3，其中污水处理1.35元/m^3。专业公司运维服务费用从污水处理费列支，不足部分由财政兜底。

2）专项资金奖补模式

专项资金奖补模式是指在地方政府在专项资金中预留部分资金，根据污水处理设施运行情况进行奖补的机制。适用于主要依赖政府专项资金进行流域水污染治理的地区。资金来源为政府专项资金。

典型案例：

江西省九江市财政2019～2020年每年从乡村振兴（生态宜居）专项资金中安排2000万元用于全市分散式污水治理奖补。每个生活污水深度处理村庄市财政给予4万元奖补。同时，根据各地2018年、2019年村庄污水处理设施运行管理情况，从专项经费中给予一定的运行管理奖补费用。

3）多元费用分摊模式

县级政府建立县、乡、村三级联动的资金激励机制，确保各级财政资金加大投入。综合考虑农村环境污染、经济水平、村民意愿等现状，合理确定缴费水平和标准，逐步推行向村民适当收取污水处理费，形成各级财政补贴投入、村集体与农户付费相结合的多元费用分摊机制[①]。资金来源包括各级政府资金、企业和社会资金、村民付费等。

典型案例：

福建省泉州市创新实施“市县财政补一点、乡镇（街道）出一点、社会各界筹一点”资金筹措模式，将农村生活污水处理设施第三方运营经费纳入县级财政全额保障。设立农村生活污水治理PPP项目专项奖补资金，市级财政按投资额给予一次性奖励最高300万元。

① 马茜，孙飞翔. 2018. 农村人居环境整治模式与机制研究. 环境战略与政策研究专报.

山东省滕州市玉泉村多渠道融资实现可持续。为了解决运行经费，实行“财政补一点、一事一议奖一点、村居筹一点、群众出一点、社会捐一点”的多渠道融资方式。该村村集体每年出资 600 元，村内两家企业每年各出 1000 元，除五保、计生双女户外，其他村民每户每年缴纳 50 元卫生费。同时，建立健全了各项规章制度，实现了村民自治、物业化管理长效运营。

4）村民付费模式

村民付费模式是指通过村规民约等村民自治形式，村民直接向村集体缴费或者村民通过捐款、罚款、村集体出租收入等集体收入来支付污水处理设施运行费用的模式。适用于政府尚未将污水处理设施运营费用纳入支出计划，尚未开征污水处理费，但地方有村规民约，村民自治意愿和能力较强的地区。资金来源为村民付费。

典型案例：

江西省九江市湖口县金家村通过村规民约的形式实现村民自治，村民每户每年向村集体缴纳 200 元，用于自来水供应和环境整治，其中包含污水处理设施运维费用，基本满足污水设施运行维护的需要。湖口县陈官垅自然村成立了村民事务理事会，先后制定了村规民约、自然村管理规章制度等管理办法，加强对自然村的管理。陈官垅村污水处理设施于 2018 年 10 月建成并正常投入使用。日常运维由村集体负责，运行费用年均 3000 元，费用由村集体支付，资金来源为村内超高超大建房罚金，节日舞龙灯、唱戏、村里山林池塘出租等作为集体收入，也属于村民付费。

2. 专业运维保障机制

新建水污染治理设施的专业运维可通过投资-建设-运营一体化模式来实现，如 EPC+O、区域一体化 PPP、省级环保平台模式等，针对已建成的水污染治理设施，可通过委托第三方运营公司或以城带乡等模式来确保分散式污水治理设施的专业运维。

1）第三方运营模式

第三方运营模式通常也称政府购买服务模式，主要针对的是现有分散式污水处理设施的运营管理，可以有效解决地方政府既负责设施运行管理又负责监督考核，设施运行不达标无法自我追责的问题。第三方运营模式下，政府负责制定绩效考核标准、污染物排放标准等，第三方企业通过专业运营使得分散式污水处理设施得到专业养护、维修和管理，设施达标运行率高。同时，对一定区域内设施进行整体打包运维，具有规模效应，可以显著降低运维成本。

典型案例：

2010年北京市密云区水务局通过招投标方式确定专业公司，对密云区分散污水处理设施进行运营管理。目前，除少数镇级污水处理厂由其他公司管理外，其余均由北京碧水源科技股份有限公司负责运行管理。除密云区外，北京市海淀区、朝阳区、门头沟区、丰台区等也都实现了污水处理设施第三方运营。

泉州市安溪县从2013年开始，在福建省率先推行将农村小型污水处理设施打包委托给第三方专业机构进行运维管理。安溪县出台《安溪县乡镇生活污水处理设施第三方运行管理暂行规定》，实行设施委托第三方运行管理制度。安溪县通过公开招标方式，将县域内现有设施打包，委托两家专业环保公司运维，其中一家负责38个设施、另一家负责30个设施。农村生活污水处理设施委托第三方运维管理以来，由于有专业的管理机构、专职技术人员、专用巡查车辆，设备故障维修更为及时，管理更为规范到位，运行效率得到了有效提升，实现了排放水质稳定达标。

2）以城带乡模式

以城带乡的污水处理设施运营模式，即针对村镇污水处理及分散式污水处理的设施运营，长期因人员、成本等问题无法稳定运行的现状问题，结合第三方运维公司在城镇集中式污水治理技术及运维技术相对成熟的已有条件，将城镇污水处理厂的运营团队和专业能力进一步辐射至村镇污水处理站的运营模式。这种模式适用于经济发展相对薄弱，已经开展村镇污水治理但尚未形成规模的地区。

典型案例：

辽河流域在城镇污水处理厂建立“1拖*N*”指挥中心，通过远程视频、专家指导、预警报警等功能开发，实现辐射半径内的*N*个村镇污水处理站无人值守、故障远程排除等功能，从而大幅降低了村镇污水处理站在人员、药剂、能耗、运维等方面直接成本近50%，充分实现了“城乡”互利共赢，为分散式污水治理技术产业化的可持续发展提供了一定保障。

3. 运营效果保障机制

污水处理设施运营效果的保障可通过将设施运行效果与运营费用支付挂钩、与政府绩效考核挂钩、与相关专项资金拨付挂钩等形式，激励第三方运维单位和地方政府切实重视治理成效，提升流域水污染治理效率。

1）依效付费模式

依效付费模式主要针对由第三方运营单位负责运行的设施，即政府依据考核标准对污水处理设施的处理效果进行定期检查，并将考核结果作为污水处理费支付依据和合同履行依据，根据效果支付第三方企业运维费用的模式。第三方运维企业为确保投资收益，增加企业竞争力，自然有动力提升运维效果。

典型案例：

江苏省常熟市根据苏州市农村生活污水治理设施运行维护管理工作考核标准，每月对污水设施运行及进出水水质等现场抽检，每个季度开展阶段性考核，并将抽检考核结果严格作为污水处理费支付依据。100 分是满分，90 分以上全额支付服务费，低于 90 分则每低 1 分扣 1%的服务费，60 分以下不予支付。

福建省建立基于环境绩效的付费机制，实现从“买工程”向“买服务”转变，合理设计绩效指标，明确考核方法及付费标准。项目运营阶段由政府或者委托第三方机构定期对运营情况、环境治理效果、经费使用绩效等指标进行评估，评估结果为支付运营服务费用及后续委托运营的依据。

2）督查考核模式

督查考核模式主要针对由地方乡镇政府或村集体负责运行的设施，即上级政府加强对区域内污水处理设施运行维护状况进行考核和督查，依据考核结果对各级政府进行行政奖惩的机制。督查考核对于各级政府具有较强的约束力，成绩优秀者可获得奖补，落后者不仅要限期整改，还可能被通报批评、约谈督办等。这种模式可激励地方政府主动推进污水治理设施持续稳定运营，保障流域水环境质量。

典型案例：

苏州市发布实施了《苏州市农村生活污水治理设施运行维护管理办法(试行)》，明确了苏州市排水主管部门联合相关部门，对各县级市（区）设施运行维护管理情况进行考核和督查，采用平时随机抽查与年终考核评分相结合的方式，结果纳入苏州市农村污水治理工作考核，并作为下拨苏州市级奖补资金的重要依据，具体考核内容在《苏州市农村生活污水治理设施运行维护管理工作考核标准（试行）》中予以明确规定。

漳州市要求各县（市）要结合实际制定督查方案，明确责任分工和督查范围及内容，建立完善农村环境综合整治分级督查制度，做到“村监督、镇自查、县月查”。按照属地管理原则，对巡查中发现的问题要发出整改通知书，要求限期整改并按时反馈整改情况。对整改不力、工作不作为、进展迟缓的反面典型，采取媒体曝光、通报批评、约谈督办、查究问责等方式鞭策后进。对工作开展好的乡镇、村庄给予适当奖励，对表现突出的单位和个人给予表彰。建立落实“县级自查，市级复查，省级抽查”三级考评验收机制，在县级自查验收的基础上，市农村环境综合整治工作领导小组各成员单位将组成考核组对各县（市）进行复核验收，验收结果列入各级绩效考评项目，验收不合格的乡镇、村，责令限期整改，对工作滞后、治理不力的县、乡镇，将对责任领导进行约谈。

3）激励补偿模式

激励补偿模式即将乡镇污水处理设施进出水浓度与流域生态补偿基金和运营服务费用挂钩，根据实际运维效果进行流域生态补偿基金和运维费用奖励或扣减的方式。激励补偿模式即是将地方的流域水污染治理成效与相应的专项资金拨付挂钩的形式，鼓励地方政府加强对污水处理设施的运营管理，确保污水处理设施长效稳定运营和达标排放。

典型案例：

重庆市垫江县以促进流域水资源保护和水质改善为目标，建立流域生态保护激励补偿机制，所有奖励、补偿经费均纳入“流域生态保护专项资金”进行专项核算。为了加快实施场镇雨污分流改造，提高污水处理设施进水浓度，充分发挥污水处理设施的减排功效，同时加强对污水处理设施的运营管理，确保污水处理设施长期稳定运行和达标排放，垫江县对乡镇污水处理厂（站）实施了激励补偿方式：对污水处理设施进水化学需氧量（chemical oxygen demand，COD）浓度低于 180 mg/L 的乡镇污水处理厂（站），由乡镇（街道）补偿县财政 5 万元。对污水处理设施出水水质未达标的乡镇污水处理厂（站），若 1 个指标不达标，则扣减运营单位当月污水处理服务费的 10%；若 2 个指标不达标，则扣减运营单位当月污水处理服务费的 30%；若 3 个指标不达标，则扣减运营单位当月污水处理服务费的 60%；若 4 个及以上指标不达标，则扣减运营单位当月全部污水处理服务费。

4. 利用新技术提高污水处理设施运营效率

低成本、高效率的运维管理模式有助于企业降低治理成本，提升在流域水污染治理行业市场中的竞争能力，因而，第三方治理企业不断创新运维管理模式，利用新技术的应用来提升运营效率，降低运营成本。

1）利用太阳能设施解决电费问题

由于污水处理大多需要增氧或曝气装置，农村生活污水处理设施运行费用中，电费支出占比较大。早期农村生活污水处理设施竣工验收后，多因后续的运行电费等问题导致设施荒废。因此，在近几年的农村环境综合整治项目中，各地采用了多样化的新能源，如太阳能等清洁能源，有效降低了后期的运行能耗，降低了运行管理成本，保障了污水处理设施的长效运营。

典型案例：

福建省漳州市农村生活污水处理站点多配有太阳能发电装置，日常发电可基本满足设施运行用电需要，同时，多余电量并入电网后还可以产生一定收益，弥补设施运行经费的不足。江西省赣州市定南县龙塘集镇生活污水处理站光伏发电站装机功率达 123kW，平均日发电量超 300kW·h，不仅能满足污水处理设备运行所需电量，余电上网收益还能用于补充站点日常运行费用，实现站点零成本运行。

2）“互联网+”运维/监管系统降低监督管理和运维成本

“互联网+”监管系统是以互联网系统为平台，通过布置在各处理站点现场的信息收集与发射装置、视频监控系统及无线收发模块，将处理站点设备运行情况、进出水情况、场站设施维护情况传输至中控室内终端系统，实现政府对区域内污水处理设施的高效监管。“互联网+”系统的另一种应用情景是企业远程管理平台，运维人员可以通过电脑终端和手机小程序（APP）对一定区域范围内本公司的分散式设施进行远程控制，并采用流动 4S（sale-sparepart-service-survey）服务的形式根据需要对各站点进行现场维护，提高运维效率，降低运维成本。

典型案例：

江苏省常熟市建立了常熟市生活污水处理监控中心，将县（市）级、乡镇级及村级生活污水处理厂/设施和工业污水处理厂统一纳入监管平台，由平台开发公司派专人负责管理，使得运维管理及时、实时。

江苏省昆山市利用“互联网+”技术，按照“数据采集-区域运维-市级监控”三层框架构建信息化系统，建成四个区域运维控制中心和一个市级总监控平台，各独立设施站点均安装控制系统和在线监测仪，对出水水质进行连续在线监测，实现分散式生活污水处理科学高效地运行和监管。

江西金达莱环保股份有限公司创建物联网+云平台中央监控系统，并首创4S流动站维护模式，缩短现场响应时间，远近结合，突破了点多面广的分布设施有效管理的瓶颈，保障了污水处理设施在无人值守条件下稳定运行。

5.2.5 典型市场机制模式特点及适用条件对比分析

综合来看，我国目前服务于流域水污染治理资金筹措、项目建设及长效运营的市场机制包括污水处理收费、排污权有偿使用和交易、流域生态补偿等环境经济政策，专项资金、地方政府债券、政策性银行贷款和政府与社会资本合作等投融资政策。其中，环境经济政策在起到改善区域水环境质量的作用同时也起到水污染治理资金筹措的作用，专项资金、地方政府债券、政策性银行贷款、社会捐资等投融资政策则仅针对流域水污染治理的资金筹措环节，并不涉及后期的项目建设及运营管理。政府和社会资本合作模式则基于不同的合作模式及合同要求，可针对性地解决资金筹措、设施建设、长效运营，以及投资-建设-运营一体化的治理需求。

从完善流域水污染治理资金筹措的需求来看，专项资金模式为政府直接投入，主要应用于市场经济不发达，同时又有较强治理需求的地区，在解决迫切的水污染治理问题的同时，还可引导地方资金流向水污染治理，带动社会资本投入。在政府投资不足的情况下，一方面可以利用污水处理收费、排污权有偿使用和交易、流域生态补偿等环境经济政策增加治理资金来源，另一方面可以利用地方政府债券、政策性银行贷款等投融资政策进行市场融资，有条件的地区还可以面向企业和公众开展社会捐资，增加治理资金来源。地方政府债券模式适用于区域市场经济较为发达，公众环境意识较高，社会资本和公众有意愿通过购买债券形式参与流域治理，改善环境质量的地区。政策性银行贷款模式适用于符合政策性银行贷款支持项目要求的区域，可以以较长期限、较低利率申请贷款，满足地方水污染治理的需求。此外，在民营经济发达地区，政府引导下的社会捐资模式同样可以起到资金筹措的作用。

从水污染治理项目建设保障机制来看，EPC总承包及政府购买服务模式优先解决当下的工程设施建设和达标运行的问题，可有效保证工程质量，降低投资成本，减轻政府投资压力。地方政府可在未来视情况决定采取“第三方运营”或者“EPC+O”等运维模式。

部分投融资模式可以一次性解决区域开展水污染治理的投资、建设及长效运营问题。BOT、区域一体化PPP、EPC+O、省级环保集团等模式广义上都属于政府与社会资本合作模式，适用于市场经济较为发达且社会资本参与意愿较为强烈的地区，不同地区可根据实际情况采取不同的合作模式。区域一体化 PPP 模式适用于可实现整县推进流域水污染治理的区域，有条件的区县可以将全县的治理打包为一个项目，通过区域一体化 PPP 模式成立专门的项目公司，政府给予项目公司较长期限的特许经营权并支付污水处理费，由项目公司负责区域整体项目的规划、建设、运行、管理。在没有条件按照区域一体化 PPP 模式进行长期规划和一体化建设运营的情况下，BOT 模式可以按照单一项目招投标流程解决设施建设和长效运营的问题。计划或已经通过 EPC 模式开展污水治理设施建设的地区，可以采用 EPC+O 模式，一次性解决设施建设与长效运营问题。省级环保集团模式可集中省内优势资源解决突出问题，同时吸纳社会资本进入流域水污染治理领域，发挥政府投资和市场投资的双重优势，省级环保平台具备专业能力，对保障流域水污染治理设施长效稳定运营具有显著优势，可一次性解决流域水污染治理设施投资、建设及运营问题。设施及服务租赁模式适用于存在阶段性、临时性治理需求的区域，租赁模式因为不拥有设施产权，因而节省了投资成本，提高了设施利用效率，对于正处于快速城镇化和老龄化阶段的中国，显然更具有可操作性和经济性。对一些有短期治理需求的敏感地区，采用租赁模式进行污水处理，降低了治理成本，提高了治理效率，同时提高了设备利用率，符合共享经济理念，是可行的污水治理方式之一。捆绑运作模式适合于区域有项目开发计划且流域水环境对开发项目具有重要影响的地区，可通过将流域的水污染治理纳入项目整体投融资计划，并通过水污染治理提升项目的整体经济和社会价值，同时实现项目预期收益和项目所在区域的水污染治理；或区域项目开发计划预期收益较高，政府可通过捆绑招标的方式将污水治理内容一起打包，在保证社会资本方获得相应收益的情况下，捆绑解决区域污水治理的需求。收集外运模式适用于管网建设困难或成本过高，且不属于长期规划发展的村庄所在区域，可通过污水收集外运的方式解决区域内的阶段性治理需要。这一模式需要与所在区县或乡镇的污水集中处理设施配套使用，保证收集外运的污水可以得到有效处理。

从设施的长效运营保障来看，针对运维资金不足的问题，应根据地方政府财政能力、污水处理费的征收情况、村民支付意愿等，分别采取财政列支、专项资金奖补、多元费用分摊和村民付费模式等，保障设施运维资金来源；针对维护管理不到位，缺乏专业技术人员和专业运维机制的问题，可采用第三方运营、以城带乡模式等，建立符合当地特点的专业运维机制，实现专业化运维；对于后期监管不到位的问题，一是针对污水治理企业建立依效付费模式，由政府或者委托第三方机构定期对企业进行检查和绩效评估，评估结果作为支付运营服务费用及后续委托运营的依据，保证污水处理效果；二是可以借助目前广泛采用的“互联网+”监管技术，鼓励企业建立设施运行维护管理系统并与政府的监管平台相连接，采用远程监控技术，降低运行维护和监管成本，解决监管能力不足的问题；三是针对暂时无法实现第三方运营的地区，则可以通过督查考核和奖惩机制的建立加强监管力度，鼓励地方政府充分重视污水治理设施的长效运营效果。与此同时，企业通过太阳能装置、“互联网+”运维技术的应用进一步提高运营管理效率，降低运营成本，从而提高企业的利润空间。新技术的推广与应用，不仅有助于提升企业的专业化运维水平，从长远来看，还将推动污水治理总体成本的降低，减轻政府的财政压力。

上述提到的部分市场机制模式与国内外的市场机制实践经验基本一致，另外一些模式则是各地根据地方的实际情况和治理需求，综合运用政府和市场手段，在流域水污染治理的实践过程中，逐步摸索出来的。在具体的推广应用中，各地应根据本地的社会经济发展水平、水污染治理的需求程度、市场经济的活跃程度、公众的参与意识等多方面因素综合考虑，选择适合本地流域水污染治理的市场机制，进一步完善投融资机制，推动流域水污染治理。在实际操作过程中，可以针对某一具体需求选择某一种具体市场模式，也可以从完善投融资机制的角度出发，借鉴已有市场机制经验，明确主体责任，完善投融资政策体系，鼓励实施市场化投融资模式，保障水污染治理长效稳定运营，推动实现环境、社会、经济效益的最大化。

典型市场机制模式及其适用条件见表 5-1。

表 5-1 典型市场机制模式及其适用条件

市场机制类型	市场机制模式	模式特点及适用条件
环境经济政策	污水处理收费	将污水处理费纳入自来水费一并收取，适用于城乡一体化、供排水一体化较为成熟的区域
	排污权有偿使用和交易	针对排污企业开展排污权有偿使用和交易，适用于水环境容量不足且市场经济较为活跃的地区
	流域生态补偿	适用性较为广泛，满足监测能力的条件下，可根据需求构建纵向或横向的、跨省界、市界、县界或乡镇交界的水质补偿机制
投融资政策	专项资金	政府直接投资，适用于市场经济不发达，同时又有较强治理需求的地区
	地方政府债券	面向社会发行政府债券，适用于市场经济较发达，社会资本参与意愿较为强烈、公众环境意识较高地区
	政策性银行贷款	优惠贷款，适用于符合贷款支持项目和条件的区域，可以以较长期限、较低利率申请贷款
	社会捐资	公众或企业直接捐赠或参与治理，适用于市场经济较发达，社会资本参与意愿较为强烈、公众环境意识较高地区

续表

市场机制类型	市场机制模式	模式特点及适用条件
投融资模式	EPC 总承包	设计采购施工总承包，适用于市场经济较发达、社会资本参与意愿较为强烈、优先推动设施建设地区
	政府购买服务	分期付款保证工程建设质量，适用于市场经济较发达、社会资本参与意愿较为强烈的地区
	BOT	社会资本独立投资建设及运营，适用于市场经济较发达、社会资本参与意愿较为强烈、可开展特许经营的地区
	区域一体化 PPP	政府与社会资本合作，适用于市场经济较发达、社会资本参与意愿较为强烈、可整体推进地区
	EPC+O	政府与社会资本合作，政府投资，社会资本方负责项目的设计、采购、施工和运营维护，适用于采用 EPC 模式开展设施建设的地区，可进一步保障长效运营
	省级环保集团	适用于有条件整合集中省内资金、人才、技术等优质资源，统筹推动流域水污染治理的区域
	设施及服务租赁	适用于有短期或阶段性治理需求、社会资本参与意愿较为强烈的地区
	捆绑运作	适用于区域有高收益项目开发计划，流域水环境对开发项目具有重要影响，可捆绑推进污水治理的地区
	收集外运	适用于管网建设困难或成本过高，且不属于长期规划发展的村庄所在区域
运营经费保障机制	财政列支	地方政府将征收的污水处理费列入财政支出计划，用作区域污水处理设施的运营经费，适用于经济较为发达，普遍征收污水处理费的区域
	专项资金奖补	在政府专项资金中预留部分资金，根据污水处理设施运行情况进行奖补的机制。适用于经济不发达，主要依赖政府专项资金进行流域水污染治理的地区
	多元费用分摊	县级政府建立县、乡、村三级联动的资金激励机制，确保各级财政资金加大投入。形成各级财政补贴投入、村集体与农户付费相结合的多元费用分摊机制。逐步推行村民付费
	村民付费	村民通过村规民约等村民自治形式，通过村民直接向村集体缴费或者村民捐款、罚款、村集体出租收入等集体收入来支付污水处理设施运行费用的模式。适用于尚未开征污水处理费，但地方有村规民约，村民自治意愿和能力较强的地区
专业运维保障机制	第三方运营	也称政府购买服务模式，主要针对的是现有分散式污水处理设施的运营管理，可以有效解决地方政府既负责设施运行管理又负责监督考核，设施运行不达标无法自我追责的问题
	以城带乡	城镇污水处理厂建立“1 拖 N”指挥中心，通过远程视频、专家指导、预警报警等功能开发，实现辐射半径内的 N 个村镇污水处理站无人值守、故障远程排除等功能，解决乡镇及村级污水处理设施无法稳定运行的问题
运营效果保障机制	依效付费	针对由第三方运营单位负责运行的设施，即政府依据考核标准对污水处理设施的处理效果进行定期检查，并将考核结果作为污水处理费支付依据，根据效果支付第三方企业运维费用。第三方运维费用与治理成效挂钩
	督查考核	针对由地方乡镇政府或村集体负责运行的设施，即政府加强对区域内污水处理设施运行维护状况进行考核和督查，依据考核结果对各级政府进行行政奖惩的机制。考核结果与政府绩效挂钩
	激励补偿	将污水处理设施进出水浓度与流域生态补偿基金和运营服务费用挂钩，根据实际运维效果进行流域生态补偿基金或运维费用奖励或扣减的模式

续表

市场机制类型	市场机制模式	模式特点及适用条件
运营效率提升机制	太阳能发电	采用太阳能等清洁能源，降低污水治理设施后期的运行能耗，降低了运行管理成本，保障了污水处理设施的长效运行。适用于日照充足，可实现专业运维的地区
	“互联网+”运维/监管系统	以互联网系统为平台，通过布置在各处理站点现场的信息收集与发射装置、视频监控系统及无线收发模块，将处理站点设备运行情况、进出水情况、场站设施维护情况传输至中控室内终端系统，实现政府对区域内污水处理设施的高效监管。适用于设施数量多，分布广的地区

5.3 流域水污染治理市场机制框架构建及完善建议

流域水污染治理是一项系统工程，在治理资金筹措、项目设施建设及长效运营过程中，市场机制均有较大的作用空间。地方政府在进一步推进流域水污染治理过程中，针对特定流域水污染治理的市场机制构建需求，应基于本流域社会经济发展状况，结合本流域的水环境问题和实际治理需求，充分借鉴已有市场机制模式，按照市场机制框架体系的三个组成部分，完善支持政策，合理确定投融资模式并构建长效运营机制，形成适用于特定流域的保障流域治理长效稳定运营的市场机制模式。

流域水污染治理市场机制的构建路径主要包括三个步骤：第一，流域水污染治理背景及需求分析；第二，流域水污染治理市场机制框架构建；第三，完善流域水污染治理市场机制政策及措施，具体见图 5-1。

5.3.1 背景及需求分析

1. 流域背景情况分析

根据流域自然地理状况、人口、社会经济现状及区域发展水平，明确流域总体发展现状和特点。部分环境经济政策和投融资及长效运营模式的应用效果受区域市场经济的发达程度影响较大。

2. 主要水污染问题成因及治理需求分析

根据流域水环境质量监测数据、环境状况公报、环境统计信息等分析流域水污染的主要问题，并分析污染成因。根据流域水环境现状、流域水环境功能区划和流域水环境保护规划等，明确流域水污染治理的阶段目标，确定水污染治理项目建设及运营需求。

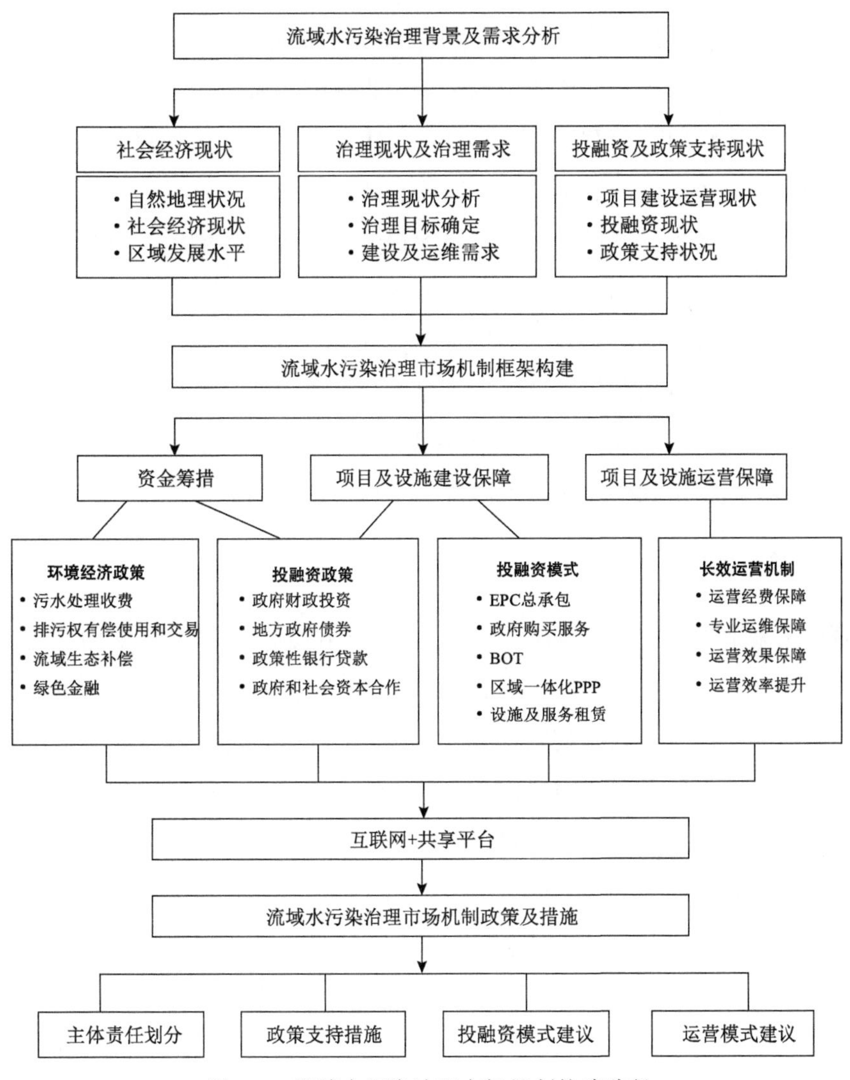

图 5-1　流域水污染治理市场机制构建路径

3. 投融资现状及市场机制政策支持状况分析

梳理流域水污染治理项目建设及运营状况、投融资来源及投融资规模现状、市场机制应用相关政策支持及实际应用现状，为市场机制框架构建应用提供必要基础。

5.3.2　市场机制框架分析

基于前述流域水污染治理水专项研究成果、国内外研究与实践的市场机制政策支持体系、投融资模式和长效运营机制经验，可服务于我国各地构建和完善流域水污染治理市场机制框架体系，推动流域水污染治理进程。目前我国流域水污染治理相关的环境经济政策主要包括排污收费（税）和污水处理收费政策、排污权有偿使用和交易政策、流域生态补偿政策、绿色金融政策等。投融资机制主要包括政府专项资金、地方政府债券、政策性银行贷款、政府和社会资本合作等。长效运营保障机制则包括综合运用多种市场主体、多种运维模式及监管和激励机制的运营经费保障机制、专业运维保障机制、运营效果保障机制和运营效率提升机制等。环境经济政策、投融资机制和长效运营保障机制，共同构成了我国流域水污染治理市场机制的支撑框架。

流域水污染治理市场机制框架由资金筹措支持政策、项目及设施建设保障投融资机制、项目及设施长效运营保障机制三个基本环节组成，每个环节下均包含了多项具体的市场机制模式，每一项具体的市场模式都有其特点和适用条件。“互联网+”共享平台为市场机制框架和模式库的推广提供了更加高效的支持作用。

1. 资金筹措支持政策

流域水污染治理的资金来源主要为政府投资。在政府财政支持能力无法满足治理需求的情况下，应进一步发挥市场机制的作用。环境经济政策方面，应推动相关制度政策建立和完善，面向居民、企业、上下游地方政府等环境管理主体（对象）征收相应资金，增加政府投资来源，例如，污水处理设施覆盖率较高，供排水体系较为健全的地区可面向居民开展污水处理收费，市场经济较为发达且水环境监测能力满足要求的地区可面向排污企业开展排污权有偿使用和交易，流域水环境补偿政策可进一步在不同层级地方行政区域推行，通过横向补偿和纵向奖励鼓励地方政府增加水污染治理投入；投融资政策方面，应进一步完善投融资政策和信息公开制度，面向公众、银行、社会资本等其他主体开展债券、贷款、社会资本融资等，满足项目和设施建设投资需求，地方政府一般债券和专项债券的发行管理需满足国家和省级政府的相关要求，政策性银行贷款需要符合银行对贷款方的具体要求，政府和社会资本合作形式多样，应根据具体项目和设施建设及运营需求选择合适的合作模式。通过完善支持政策，可进一步拓展地方治理资金来源。

2. 项目及设施建设保障投融资机制

与投融资政策相配套的是投融资模式，高度市场化的投融资模式如区域一体化PPP模式等可一次性确定项目及设施的投资、建设及长效运营管理机制，包括项目开展过程中各参与主体的责任划分、所有权归属、长效运营模式、建设及运营资金保障、治理成效考核及结果应用等。但各地流域本底状况和阶段治理需求并不相同，因而适用的具体模式也应有所不同。例如，规模较大的可产生一定收益的单个项目可采用

BOT 模式解决建设和运营需求；政府投资有一定压力的可采用政府购买服务模式，分期付款减轻资金压力的同时保障治理成效；项目建设的 EPC 总承包模式可缩短工程建设周期、保证工程质量、避免主体责任不明等问题；临时性、阶段性的治理项目可采用设施及服务租赁模式，保障治理效果的同时，降低治理成本并提高设施使用效率等。

3. 项目及设施长效运营保障机制

区域一体化 PPP 模式、BOT 模式、政府购买服务模式等投融资模式已经包含了长效运营管理的内容。其他一些投融资模式如专项资金、EPC 总承包、社会捐赠等，仅解决了项目及设施的建设问题，不包含长效运营管理环节。需要借鉴已有长效运营机制模式经验，根据长效运营模式的特点和适用条件，从经费保障、专业运维、成效监管、效率提升等方面筛选适用的长效运营模式。经济较为发达的地区，可通过财政列支模式保障运营资金，通过第三方运营、EPC+O 和依效付费等模式保障专业运维及治理效果，通过“互联网+”运维和监管平台的应用提升运维和监管效率；区域发展水平较低的区域，可通过村民付费、以城带乡、督查考核及奖惩激励等模式保障运维资金、提升专业运维能力、保障治理成效等。

4. “互联网+”共享平台

地方政府应充分利用“互联网+”共享平台的信息传播优势，通过“流域水污染治理技术成果共享服务系统”“国家生态环境科技成果转化综合服务平台”等共享平台渠道及内容，结合典型案例及应用，分类筛选适用于本流域或区域的环境经济政策、投融资机制和长效运营模式等，形成符合流域特点的市场机制框架体系。

5.3.3 市场机制政策及措施完善建议

1. 相关主体责任划分

流域水污染治理涉及政府、企业、公众三方面主体，地方政府应充分发挥责任主体和监管主体作用，相关政府部门应依据部门职责划分，制定流域治理规划和计划，明确治理目标，将流域水污染治理项目列入财政支出计划并出台相应管理制度，出台和完善相应环境经济政策和投融资政策，加强污染源和水质水量的监测与监管，加强信息公开，鼓励企业和公众通过多种途径参与流域水污染治理；污染治理企业应充分发挥治理主体的作用，通过技术进步提升项目与设施建设及专业运维的技术水平，不断通过新型技术手段的应用提高建设及运营效率，降低建设及运营成本，提升企业的市场竞争力；其他社会资本和公众则应充分发挥参与主体的作用，充分利用政府和企业流域水污染治理相关项目和环境信息公开渠道，通过社会捐资、购买债券、政府和社会资本合作等方式参与流域水污染治理，同时发挥公众对流域水污染治理资金使用、治理过程及成效的监督作用，共同推动流域水环境水生态质量改善。

2. 完善支持政策

一是完善环境经济政策，地方政府可基于现有环境经济政策应用情况，依据国家和省级环境经济政策导向，从排污收费、污水处理收费、排污权有偿使用和交易、流域生态补偿等方向落实和完善流域水污染治理政策，通过政策实施推动水环境质量改善的同时，增加政府治理资金来源。二是完善投融资政策，地方政府可基于现有投融资政策应用情况，根据国家和省级投融资政策指导，落实流域水污染治理投融资管理和支持政策，鼓励采用多种类型的市场化投融资模式和长效运营机制，保障流域水污染治理的资金来源和长效稳定运营。

3. 推动形成多元共治的投融资模式

基于流域水污染治理投融资模式现状和治理需求，通过“互联网+”共享平台，借鉴其他典型投融资模式经验，明确可借鉴推广的投融资模式及条件，构建形成多种投融资模式共同作用的投融资体系。例如，对于流域整体治理成效进展不理想的地区，可借鉴江苏、辽宁、重庆等地的省级环保平台模式，推动建立省级环保平台，整合流域治理资金，采用市场化运作模式，提高投资效益，提升总体治理水平。

4. 构建长效稳定运营机制

基于流域水污染治理项目与设施的运营现状，分别从经费保障、专业运维、成效保障、效率提升等方面提出进一步构建流域水污染治理长效稳定运营机制的建议。具体包括：明确运营资金来源和保障机制，根据投融资模式确定专业运维机制，建立运维成效考核评估机制等。

第 6 章　流域水污染治理共享经济模式

互联网技术的应用大大地降低了交易成本,从而使得共享经济在21世纪得到迅速发展并广泛应用于社会经济各个领域，信息、技术、知识、物品、资金、空间等都可以通过“互联网+”的形式实现共享，推动社会经济进一步发展。在流域水污染治理领域，通过分析共享经济模式的基本特点，匹配供需双方的供给和需求，可构建形成基于技术模式、基础设施、社会资本共享的流域水污染治理共享经济模式。在流域水污染治理市场机制应用方面，“互联网+”耦合市场机制的共享经济模式将突破技术筛选、设施建设与运行、资本筹措等方面的限制，进一步拓展治理资金来源，降低流域水污染治理成本，提高治理效率，推动绿色发展。

6.1 流域水污染治理共享经济模式的构建

6.1.1 共享经济模式的基本特点

1. 共享经济模式的运行框架

共享经济是一种基于互联网技术的新思维方式和资源配置模式，即基于技术手段提升闲置资源利用效率的新范式。共享经济的本质是对“使用权”的共享和对“闲置资源”的再配置，其理念对我国经济改革具有重要意义。共享经济的发展能促进产品循环利用，建立一种全新的绿色消费理念。通过共享商品和服务的使用权，可更加充分有效地利用资源，降低社会对新产品的需求，改变人们的消费模式和分配模式，进而转变经济发展模式，促进经济、社会、环境的协调发展。

共享经济具有三个重要特征。一是平台化。共享经济基于现代通信技术和互联网技术形成一个新的共享平台，在这个平台上供给方形成资源供给池，需求方形成资源需求池，供求双方在平台上进行资源集约和需求匹配。二是高效化。由于技术的支持，共享经济使得供求双方的匹配可以跨越时间和空间的约束，变成一个成本较低甚至是边际成本递减、效率提升较为显著的过程。共享经济利用长尾客户的集聚效应和规模经济，使得供求匹配的业务模式更加高效且在商业上具有成本收益的可持续性。三是开放性。共享经济对于所有的资源拥有者和资源需求者开放，具有同等的进入门槛，主要通过集聚来实现规模效应和供求匹配，即一个双边匹配平台。如果这种匹配性高，那么就具有自我强化的功能，开放性使得其能够吸引更多的供给者和需求者，双边匹配平台功能不断强化成为一个要素集聚中心，连接共享经济其他相关的参与者，这种范围更大的开放性，使得共享经济可以形成一个自我完善的生态体系，变成一个多边市场平台（郑联盛，2017）。

共享经济通过高效整合线下的闲散物品或服务等资源，并以较低的价格提供产品或服务，使得商品或服务的需求方能够以较低成本满足需求。对于供给方来说，通过在特定时间内让渡物品的使用权或提供服务，可获得一定的收益回报；对需求方而言，无须直接拥有物品的所有权，而是通过租赁等共享的方式使用物品，同样可以满足需要，且只需付出较低的成本（刘倩，2016）。由此我们可以给出共享经济模式的基础框架，见图 6-1。供给方提供闲置资源，需求方付出成本以获得产品或服务的使用权，二者缺一不可，否则便无法形成有效的市场供求关系；在共享经济框架中，互联网平台是连接供需双方的关键节点，与传统市场交易平台相比，互联网平台成本更低，效率更高，是共享经济模式框架的核心支撑结构。

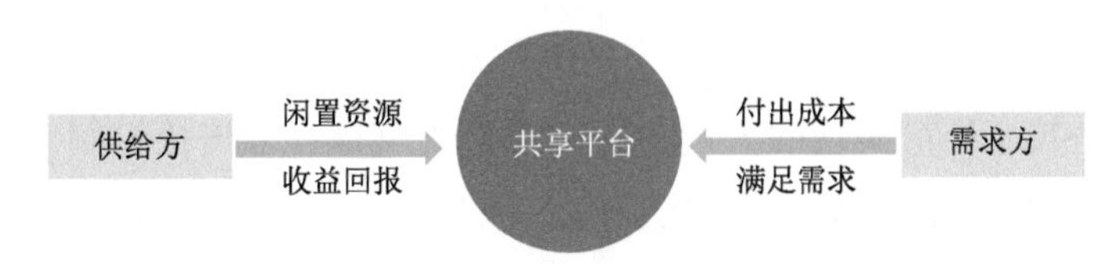

图 6-1　共享经济模式基础框架

在实际运行过程中，共享经济逐渐从双边平台发展为多边平台，进而形成了多边平台框架，见图 6-2。在多边平台框架中，居中的共享平台仍然起到关键的连接机制的作用，左右的供给方和需求方通过共享平台建立有效匹配，左下方的平台支撑方为共享平台的持续稳定运行提供技术支持与保障，右下方的服务合作方则通过第三方支付、物流快递、咨询与服务、广告服务等拓展平台服务形成多边平台，最后，共享平台应建立信用机制，并受到法律、法规和行政部门的监督管理，确保共享经济模式可持续运行。

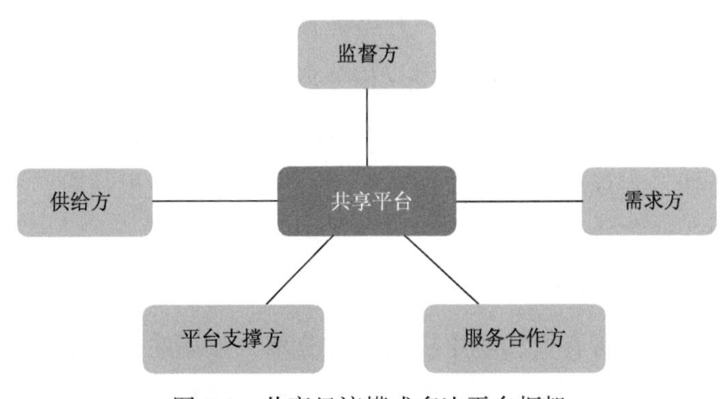

图 6-2　共享经济模式多边平台框架

2. 共享经济运行的核心要素

共享经济在运行过程中需要具有五个核心要素。一是闲置资源。当经济发展到一定程度后，资源利用效率就会降低，使部分资源成为闲置资源，为共享经济的发展提供了“供给基础”。二是真实需求。需求方通过分享而非占有产品或服务主体所有权来降低消费的成本，这是共享经济的主要需求。三是连接机制。一般由共享经济平台来承担，建立起闲置资源和真实需求的联系与匹配。四是信息流。共享经济运行过程中必须能够获得供给者和需求者的真实信息，建立支持供求匹配的信息服务系统并动态完善，形成对于供求双方都具有约束力的信用机制。五是双赢收益。对于供给者而言，提升闲置资源利用率可使自身在拥有其所有权的同时成本降低或收益提高；对于需求者而言，共享经济为其提供了产品和服务的使用权，无须付出较高成本获得非必需的所有权或者支付产品和服务的生产成本。

在五个要素的配置和整合过程中，闲置资源是共享经济发展的基础，基于真实需求的供求匹配是共享经济实现的关键，以信息流为支撑、以连接机制为核心功能的共享平台是共享经济运行的载体,而双赢的收益机制则为共享经济发展提供了基本动力。共享经济运行机制中，不仅闲置资源的利用成本低于购置或生产新的资源，而且主要依靠互联网技术实现信息共享、快速定位和高效服务，交易成本也大大降低。

3. 构建共享经济模式的关键环节

共享经济所依托的核心要素相辅相成，共同构成共享经济运行机制。共享经济的起点是多样化的需求依托技术应用形成相对独立的利基市场和需求池，而供给端亦是依托新兴技术的应用使得相关产品和服务的所有权与使用权可以有效分离，并逐步形成具有规模效应的供给池，供给池和需求池通过共享经济多边平台的应用克服了信息不对称，更好地实现了有效匹配，最后实现边际成本递减与规模效益，使得共享经济成为一种成本收益可持续的业务形态，并整体提高了资源利用与资源配置的效率。

总之，共享经济基于所有权和使用权相分离，利用新兴技术实现了信息透明化功能，依托平台建设实现需求集聚、供给集聚和连接机制建设，有效降低交易成本甚至实现边际成本递减，实现利基市场发展，实现长尾效应和规模效应，从而实现共享经济内生的自我强化的可持续运行机制。

1）所有权与使用权分离

共享经济的基础是所有权和使用权的暂时分离，强调的是存量的盘活、闲置资源的更有效利用，本质是以信息技术为支撑、以信息终端为载体，公平、有偿、高效地共享社会资源，供求双方为共享付出相对较低成本，共同享受共享产生的红利。并且，闲置资源的使用一般以重复、高频、高效作为基本特征。从宏观角度出发，共享经济可以有效减少个人对资源要素的占用规模和占用时间，降低经济社会发展的资源能源压力。

互联网技术使得物品的使用时间和地域实质性扩大，一种物品所有权和使用权可能出现暂时的分离：第一，互联网技术使得使用权获得的信息成本非常之低，使用权一定程度上比所有权更有价值。第二，数量众多的闲置资源集聚，使得所有权的独占性呈现出"竞争状态"，所有权的价值逐步降低。第三，如果闲置资源没有进行有效使用，闲置资源的所有权价值几乎逼近于零。

2）需求池与供给池匹配

协同消费是共享经济中共享产品和服务需求池的基础。一是消费的便利性。技术革新使得服务供给变得高效、低廉且便利，消费者行为便利性大大提升。二是消费主动性。消费者依托互联网信息技术大大降低了服务信息不对称问题，更加注重消费"主权"和消费"控制权"。三是消费者剩余。在共享经济中，消费某种商品或服务的最高意愿价格与这些商品的实际市场价格之间的差额即消费者的额外收益，成为共享经济驱动消费者参与其中的基础动因之一。

与以协同消费为支撑的需求池相对应的是基于平台集聚功能而产生的供给池。在成本方面，共享经济通过技术创新等使得交易成本逐步降低并低于共享产品的再生产成本，使得交易可以发生并成为创造收益的途径。共享经济的实质是交易成本最小化。甚至，共享经济可以通过技术的优势使得边际成本逼近于零，从而使得共享经济的产品和服务提供成为可能。同时，互联网技术使得服务获得的信息成本大大降低，信息支撑下的社会网络集聚效应使得服务供给更加容易获得规模效应和专业化细分，供给者可以发挥专业化优势并突破边际成本与边际收益的瓶颈。

3）连接机制构建

网络平台是共享经济的核心支撑，基于网络技术的优势，共享经济中的闲置资源在供给方与需求方进行高效配置，实现"物尽其用"和"按需分配"的价值目标。共享平台的功能是将分散的需求和分散的供给集中且连接起来，分散需求的集中过程相当于构建需求池，分散供给的集中过程则相当于构建供给池，平台功能则是建立两个池子的联通机制、促成供需双方建立不需要转移所有权的共享机制。平台的正反馈机制与平台的供求双方数量紧密相关，当供求双方数量达到一定程度后，信息收集、分类、交互将更加有效，供求的匹配将更为顺畅，并使得成本收益变得可持续。

共享平台发挥闲置资源利用和提升资源配置效率的前提是供求双方可低成本接入

平台体系，即平台的接入要便利且低廉。在初始阶段，共享经济平台是共享产品提供方和使用者之间直接交易的中介机构，形成的是双边市场平台。由于共享产品和服务的供求匹配还需要其他的相关机构参与，如第三方支付机构、银行、快递服务、广告机构等，最后就形成了一个多边市场平台。

4）信息透明化与信用约束机制

共享经济是陌生社会成员之间基于技术和信任而发展起来的商业模式。在技术上，共享经济的信息透明过程就是将相互陌生的人群之间的信任问题转变为个人对抽象体系的信任或信用问题。原本具有鲜明个性的个人或组织特征，在共享经济平台的信息整合和透明化技术支撑下转变为标准化的模块，并可以迅速复制，即把随机的面对面机制转变为标准的自动撮合机制。

在共享经济产品特别是非有形资源的供给与服务过程中，信任与信用是供求匹配得以进行的关键，这主要依赖于几个方面：一是共享平台的信息收集、审核及公开的有效性，二是共享产品使用者的评价体系，三是共享产品供给者的自身信用水平，四是有效的失信遴选及惩罚机制。信任机制的建设和完善是共享经济可持续发展的核心基础设施。用户评价机制、信用信息征集、平台征信功能和外部征信导入等成为共享平台健全信任机制的基本配置。

5）规模经济与边际成本递减

共享经济利用互联网技术构建一个服务平台，形成共享产品的集聚，规模效应日益凸显，共享经济服务的边际成本不断降低。共享经济由于市场组织模式的差异化，其在交易成本方面具有系统性的优势，主要体现在信息成本和执行成本两个领域。在信息成本上，由于具有开放性，信息管理、资源配置、报告制度等实现了集约化和差异化。在执行成本上，共享经济依托非正式社会关系、平等性互惠机制等替代强制执行方式来降低执行成本。互联网从技术角度实现了使用权分享的“超级效率市场”。

6）利基市场与长尾效应实现

在传统的产品和服务市场格局中，大客户是收入和利润的主要来源，也是市场竞争的核心领域，但是，市场统治者或主导者可能无法完全统治或垄断整个市场，可能会忽略某些细分市场，这些细分市场被称为利基市场。在共享经济中，部分产品和服务领域是传统产品和服务机构所忽略的市场，从而成为共享经济参与其中的利基市场。例如，数量众多的中小微企业和个人客户往往是金融机构所不重视的市场主体，但是，共享经济通过互联网金融解决了金融服务成本高和金融服务便利性差的问题，并快速地促进了利率市场化，深刻改变了传统银行机构的经营模式。

利基市场之所以能够成为商业可持续的市场依托，并可以成为市场拓展的根据地，主要在于在技术支撑下存在一个“长尾效应”。在统计学中，一个最为典型的定量模型就是正态分布或近似正态分布。正态分布最高部分就是“头”，两侧逐步平滑的部分就是“尾”，最重要的需求（主流需求）集中在了头部附近，而分布在尾部个性化、分散化和数量巨大的需求则是长尾需求。长尾效应就是长尾需求累积的结果可能会比一个主流需求规模更大，即分散、小额但巨量的需求累积可能产生成本收益较好的新市场。

6.1.2　流域水污染治理的共享经济模式框架构建

基于共享经济模式的基础框架，本书提出了流域水污染治理的共享经济模式框架：科研机构、企业等在技术研发和实践应用中形成的治理技术、管理技术以及流域水污染治理的市场机制经验、企业研发生产的治理设施、社会资本和社会公众的闲置资金等作为已形成的闲置资源是共享经济的供给方，地方政府和企业对于流域水污染治理的技术模式、治理设施、社会资本的实际市场需求是共享经济的需求方，基于“互联网+”技术的共享平台是共享经济运行的关键载体，政府、科研机构、污染治理企业、社会资本等主体在共享经济模式中实现共赢的收益机制为流域水污染治理共享经济模式的发展提供了基本动力。

就流域水污染治理而言，关于所有权与使用权的分离，连接机制的构建，以及信用约束机制的构建等，基本与社会经济其他场景的共享经济模式相类似，在此重点介绍流域水污染治理需求与供给的匹配，并基于需求与供给匹配的结果提出流域水污染治理共享经济模式的基础框架。

1. 流域水污染治理需求与供给的匹配

根据文献与实地调研结果，在流域水污染治理方面，地方政府的需求主要集中于三个方面：一是对信息和技术的需求，二是对设施和服务的需求，三是对资金的需求。

第一，与需求相对应的，在各地政府、企业、科研单位及其他社会主体的共同参与下，各主要流域在水污染治理方面也积累了大量的实践经验，包括各类治理技术与设备的研发与应用，各类治理设施的运维管理经验，以及适应不同社会经济条件的投融资模式等，这些在实践中开发出来的技术模式和运营经验，需要充分发挥示范效应，在更大范围内发挥作用。第二，我国的环保产业正在迅速发展之中，大量环保企业进入流域水污染治理领域，研发和生产了针对不同需求的水污染治理设施，并拥有提供专业服务的能力。我国正处于水污染治理攻坚阶段，有必要充分发挥企业环保设施及服务的治理作用。第三，为解决流域水污染治理的资金问题，各地也因地制宜采取了不同类型的投融资模式，在加大政府投入和提高专项资金效率的同时，一方面推动政府和社会资本合作，另一方面通过绿色金融手段筹集社会闲散资金，为流域水污染治理提供资金保障。

综上所述，从技术支持、设施和服务提供以及治理资金募集三方面的研究和实践结果来看，地方政府对于流域水污染治理需求与科研机构、环保企业及社会资本所能提供的共享资源是完全可以匹配的。在此基础上，可以通过“互联网+”构建共享平台建立连接机制并推动形成信息流，探索构建形成不同治理领域不同类型的共享经济模式，努力实现流域水污染治理参与各方共赢的良好效益。

2. 流域水污染治理共享经济模式基础框架构建

基于上述三个方面的需求与供给匹配结果，可将流域水污染治理的共享经济模式分为三种类型，即技术模式共享、基础设施共享和社会资本共享。以下分别从上述三个方向详细阐述流域水污染治理共享经济模式的基础框架。

1）技术模式共享

技术模式的共享主要是治理技术的共享。治理技术包括但不限于水专项研究中涉及的工业污染源控制与治理、城镇污水处理与资源化、农业面源污染控制与治理、水体水质净化与生态修复、饮用水安全保障以及水环境监控预警与管理等水污染控制与治理等关键技术和共性技术，水专项“十三五”“流域水污染治理与水体修复技术集成与应用”项目中，“城镇生活综合污染控制技术集成与应用”“农业面源污染控制治理技术集成与应用”“受损水体修复技术集成与应用”三个课题中关于各类技术的技术名片、技术长清单的研究和成果梳理等都可以进入治理技术的供给池，通过水专项课题四“流域（区域）水污染治理模式与技术路线图”研发的流域水污染治理技术成果共享服务平台实现共享。

此外，技术模式的共享还包括管理技术如治理模式、投融资模式以及设施长效运营模式的共享等。例如，在农村生活污水治理领域，针对不同地区的自然和社会经济条件状况，可分别采用集中处理、集中与分散相结合，以及分散处理的治理模式。针对不同地区的社会经济现状和污水治理设施建设需求，可分别采用区域一体化 PPP 模式、专项资金模式、EPC 总承包模式、政府购买服务模式、省级环投集团模式等。而为了保证农村污水治理设施的长效运营，则可以分别通过政府投资、社会资本及探索村民付费三个方面来保障农村生活污水处理的运营经费；创新污水处理设施市场化运维模式，实现专业化运维，以及通过使用新能源和“互联网+”等管理方式提高运维管理效率等。

水专项“流域（区域）水污染治理模式与技术路线图”课题组研发构建了流域水污染治理技术成果共享服务系统，上述治理技术、治理模式、投融资模式及运维模式等都可以通过共享服务系统平台实现共享。由于这些技术模式本身将以课题研究成果的形式出现，实现共享的交易成本几乎为零，在共享平台可以正常运行并得到广泛推广的情况下，各地方政府可以以极低的成本获取这些治理信息相关的资源，服务于本地区的流域水污染治理。

除了水专项课题研发的成果共享服务系统平台，生态环境部环境发展中心主办的“国家生态环境科技成果转化综合服务平台”的建立将在更大范围内推动流域水污染技术模式的共享。综合服务平台不仅是生态环境科技成果转化体系的关键载体，也是支撑各级政府部门生态环境管理、企业生态环境治理和环保产业发展的技术服务平台。目前，综合服务平台已经汇聚 4000 多项环境治理技术类和管理类成果，将实现线上咨询和线下服务的有效贯通、环境治理供需关系的有效对接、专家和技术的有机融合。

2）基础设施共享

污染治理设施和服务租赁，是流域水污染治理领域实现基础设施共享的主要方向。治理设施及服务共享可通过两种模式实现：其一是第三方集中处理处置设施及服务共享，目前这种模式主要应用于种植业农药统防统治及畜禽养殖粪污集中处理处置等方面。其二是污水处理设施及服务共享，目前这种模式主要应用于农村生活污水治理和黑臭水体治理方面。

（1）第三方集中处理处置设施及服务共享。

来自种植业和养殖业的农业面源污染已成为流域水污染的主要来源。针对种植业普遍存在的农药使用过量、农药利用效率低等问题，部分地区开展了主要农作物病虫害预防监测，并通过统防统治模式，采用集中式高效农药喷洒装置，对重点农作物种植区统一时段、统一标准进行农药喷洒，提高了农药利用率，降低了农药使用量，同时也保证了病虫害防治效果。

我国规模化畜禽养殖目前已经基本实现粪污处理装备配套或者资源化利用，整体纳入生态环境监管体系。但是针对非规模化的畜禽养殖污染防治，仍然面临诸多困难。非规模畜禽养殖的养殖量小，配套粪污处理设备成本过高，资源化利用渠道也不畅通，且难以实现有效的环境监管。针对这一情况，部分养殖集中县区开发了整县区推进的第三方粪污集中处置模式，建设粪污集中处理中心，非规模化的分散养殖户可将养殖粪污收集后送到集中处理中心，经过堆肥、沼气发酵等处理处置过程，实现分散养殖废弃物的资源化利用，减少养殖粪污对流域的水环境污染。

农药统防统治和分散粪污集中处置均需要专业的第三方服务机构、通过专业化设备和专业服务来实现，确保农业病虫害防治和养殖粪污处置的专业化、规范化、规模化、高效化，在区域总体范围内提升治理效率，降低治理成本，减轻分散的种植户和养殖户独自承担污染治理的压力，同时减少面源污染对流域水环境质量的压力。第三方服务机构通过提供服务向用户收费、出售有机肥、申请政府环保类服务的资金补贴及税费优惠等方式获得收益。

在这种模式下，设施及服务的供给方是第三方服务机构，共享的产品是第三方机构提供的专业化治理设施及服务，需求方则是有治理需求的地方政府以及分散的种植户和养殖户，发挥共享平台作用的则是地方政府部门或第三方开发的农业综合服务信息平台等互联网平台，方便有需求的种植户和养殖户与第三方机构建立合作关系，并承担相应的服务费用。

（2）污水处理设施及服务共享。

污水处理设施及服务租赁模式目前主要应用于农村生活污水治理和黑臭水体治理，重庆市、北京市、山东省临沂市等已在这两个方面有探索应用。

从污水处理设施和服务租赁的供给分析，目前我国已有大量专业的污染治理企业，可根据水污染治理的需求定制生产不同规格、不同标准的污水处理设施并提供专业运维服务，且许多企业已经开发出便于安装、拆除和转运的一体化治理设施，亟待发挥企业环保治理设施及专业运维服务的作用。

从污水处理设施和服务租赁的需求分析，我国目前正处于快速城镇化、人口老龄化阶段，一些邻近城镇的区域已经纳入城镇发展规划，另外一些较为偏远的区域则存在人口的自然减少。短期内看这些区域有治理需求，但是如果按照常规的投融资模式进行污水处理设施的建设运行，投资较高，政府资金压力较大，同时从长远来看，未来这些区域的治理需求会发生变化，存在资金浪费的可能。

从黑臭水体治理的需求来看，“水十条”对黑臭水体治理提出明确要求，而黑臭水体的主要来源之一就是部分已建成、已入住的住宅小区虽然已经纳入管网建设规划，但短期内仍未实现纳管，存在污水直排入河现象，从而造成水体黑臭现象，另外一些流域面源治理手段也需要一定的时间才能发挥治理效果，为满足黑臭水体治理及达标需求，需要对一些河段的黑臭水体采取临时性治理手段，待到区域管网建成或其他治理手段发挥作用，污染源消失，临时性治理也就不再需要了。

无论是农村生活污水处理还是黑臭水体治理，污水处理设施和服务租赁模式的提出，一方面可以减少政府在建设资金方面的压力，另一方面则可以提高设施的使用效率，节约资源，最后还能够提升设施的专业化运维水平，一举三得。

根据目前的调研资料，这一模式仅在重庆市、北京市、山东省临沂市兰山区有探索性应用，后文将基于已有实践成果对这一模式进行进一步分析和探讨，推动成立污水处理设施和服务租赁平台，促进污水治理设施和服务租赁模式在更大范围内的应用推广，真正实现环保治理设施及服务的租赁共享。

3）社会资本共享

社会资本的共享主要针对的是流域水污染治理资金缺口较大的问题。目前各地政府普遍面临较大的水污染治理压力，同时又面临资金不足的窘境。前文梳理的各类典型投融资模式，尤其是不同类型的 PPP 模式中社会资本的参与，其本质都是通过不同的投融资手段，利用政府招投标平台、电子商务平台、互联网金融平台等投融资平台，引入社会资本，减少政府的投资压力，同时降低治理成本，提高治理效率。

在政府和社会资本参与的投融资过程中，目前已经出现了绿色债券、绿色基金、绿色信托等面向社会大众的绿色融资手段，鼓励社会大众利用闲散资金投资绿色环保产业，公众在投资的过程中，既可以分享投资收益，也可以分享环境治理的社会效益。这种类似于“众筹”的资金募集方式，使得普通大众也有机会通过购买债券或者基金的方式直接参与到流域水污染治理过程中，资金的整合可以发挥更大的治理效益和社会效益，政府、企业、公众等参与各方也都将在资本的共享中获益。浙江省通过发行“五水共治”地方债券筹集治理资金便是在污水治理领域推动社会资本共享的优秀案例。

在市场经济较为活跃的区域，水污染治理资金募集可借鉴浙江模式建立“互联网+地方政府债券”的资本共享模式。依托地方股权交易中心作为共享服务平台，地方政府帮助符合条件的企业面向社会发行水污染治理项目债券，鼓励金融资本和民间资本购买债券，实现募集治理资金的目标。流域水污染治理作为公共服务应由政府投资，在地方有治理需求且政府面临资金压力，但市场经济较为活跃的情况下，民间资本的参与一方面可以缓解政府资金压力，解决短期治理资金不足的问题，另一方面可以推动水污染治理，改善区域水环境质量和人居环境质量，同时为参与者带来投资回报，实现资本共享，收益共享。

6.1.3　典型流域水污染治理共享经济模式梳理及应用案例

1. 智能运维/监控技术共享模式

基于农村居住相对分散、生活污水排放也相对分散的基本特点，我国农村生活污水治理采取了集中与分散处理相结合的方式。农村生活污水处理设施点多面广，传统的人工巡检方式需要耗费大量人力成本，运维工作效率非常低，同时设施实际运行状况也难以得到及时有效监管。

智能运维/监控系统是基于物联网技术、互联网技术和自动控制技术而形成的标准化、智能化、可远程管控的智慧化运营管理工作平台。互联网系统平台通过布置在各处理站点现场的物联网信息收集与发射装置、视频监控系统及无线收发模块，将处理站点设备运行情况、进出水情况、场站设施维护情况传输至中控室内终端系统及管理人员手机 APP 上，实现企业远程运维监控的同时，也实现政府对区域内污水处理设施的高效监管。智能运维/监控技术及服务共享模式实现了“智能化监控管理+人工巡检运维管理”的“线上线下”协同合作模式，大大提高了日常运维效率，可推动农村污水处理设施长效运维的智能化、高效化、规范化、专业化和长效化。桑德集团有限公司、江西金达莱环保股份有限公司、宁波正清环保工程有限公司等专业公司均开发应用了智能运维平台。

典型案例：

江苏省常熟市建立了常熟市生活污水处理监控中心，将县（市）级、乡镇级及村级生活污水处理厂/设施和工业污水处理厂统一纳入监管平台，由平台开发公司派专人负责管理，使得运维管理及时、实时。远程监管从污水收集、处理到排放的一系列自动化信息内容，通过采用数据采集与监视控制系统（supervisory control and data acquisition，SCADA）、地理信息系统（geographic information system，GIS）、生产调度系统、中心大屏显示系统等技术，实现了指令发布、生产调度、报表统计、状况监控等全流程的数字化、自动化、网络化，达到了“现场无人值守、中心少人值守”的目标，从而降低人工维护成本，提高工作效率。

江苏省常州市新北区利用智能化平台管理运维，同时实现对排水管网、治理设施和污水泵站的全过程监管。通过智慧水务综合管理平台的建设，形成新北区排水的一张电子地图、一个数据中心、一个信息化管理平台，主要包括：数据资产管理系统、排污实时监测系统、自动化远程控制系统、预警和预报系统、养护管理系统、维修管理系统、统计报表系统以及日常办公管理系统八大模块，实现运维业务标准化、资产可视化、监测数字化、异常分级处置流程化，实现中心管理、分区联动、快速反应、无人值守的智能化运行管理模式，保证了运维管理效率、运维管理质量、节约综合运营成本。

2. 第三方集中处理设施及服务共享模式

第三方集中处理设施及服务的供给方是第三方服务机构，共享的产品是第三方机构提供的专业化治理设施及服务，需求方是有治理需求的地方政府以及分散的种植户和养殖户，发挥共享平台作用的则是地方政府部门或第三方开发的农业综合服务信息平台等互联网平台，方便有需求的种植户和养殖户与第三方机构建立合作关系，并承担相应的服务费用。

典型案例：

针对小规模养殖场户自我解决污染的能力和承受惩罚的能力较弱，自身很难投入解决污染，同时政府监管困难的问题，常州市武进区政府建设集中处理中心，将分散式养殖场的畜禽粪便收集起来，统一进行无害化处理，通过政府购买服务的方式，招标公司进行规范化运营管理，养殖粪污定期收集，集中处理等，有效减轻了畜禽粪便和秸秆资源就地焚烧对环境造成的污染，沼渣沼液还田改善了土壤理化性质，减少了化肥农药施用量，有利于发展无公害农产品和绿色食品，促进农业生态的良性循环和可持续发展，达到经济、环境、能源、生态的和谐统一。地方政府从养殖粪污排放标准执行者与监督者转变为粪污处理设施与公共服务的供给者，将运行管护资金纳入地方财政年度支出，以“购买服务”的方式，实行“社会化运作”。通过公开招标，择优聘请有环境污染治理资质的粪污处理第三方企业和社会化服务机构运营管理。

该模式已经在地方政府、社会化服务组织、各分散养殖场和种植业主之间建立了分工协作、优势互补的关系，形成“利益共享、风险共担”的利益共同体，实现种养结合循环发展与环境优化的双赢目标。该模式主要适用于收集一定区域范围内众多小规模养殖场畜禽粪便的集中处理和种养结合资源化利用，地方政府在该模式的长效运营中起决定性作用，除了政府财政的大力支持，还需要在制度、管理方面进行系统优化。

3. 污水处理设施及服务共享模式

污水处理租赁模式是由业主委托第三方企业对集中污水进行达标处理并支付相关处理费用的模式，在这一模式下，分散式污水收集系统由业主单位负责建设，污水处理设施由第三方企业提供并达标运行，业主仅支付污水处理费用。租赁期结束后，污水处理设施由第三方企业收回或者租赁双方协议后继续提供服务。

鼓励有条件的地方政府投资或支持建立第三方环境治理设施租赁及服务共享平台，由第三方互联网机构作为平台的技术支撑方。共享平台的供给方企业接纳可面向全国具有相应资质和能力的污染治理企业，并明确可提供服务的设施规格、地理范围、出水标准、地方配套要求、服务价格体系及技术支持体系等。有治理需求和支付能力的地方政府、污染企业、住宅小区等作为需求主体，可根据实际治理需求、地理区位、价格筛选、服务评价等因素，利用“互联网+”共享平台快速匹配合适的供给方，建立合作关系，快速实现区域水污染治理和水环境质量改善的目标。

4. 融资租赁设施及资本共享模式

融资租赁是一种特殊的金融业务，是指出租人购买承租人所选定的租赁物件，为后者提供融资服务，随后以收取租金为条件，将该物件长期出租给该承租人使用的融资模式。融资租赁以租赁为表象，以融资为实质。融资租赁主要有直接租赁和售后回租两种模式，根据客户主体需求的不同可采取不同的模式。

在多边共享平台上，设施及服务租赁可以采用融资租赁的模式，即由第三方社会资本向设施供应企业购买产品及服务，再由第三方社会资本向需求方提供租赁服务的模式。在这种模式下，需求方与第三方社会资本构成供求关系，设施生产企业通过销售产品和提供服务获得收益，第三方社会资本通过向需求方收取租金的形式获得收益，需求方则以较低成本满足了产品和服务使用的需求。由于有了第三方社会资本的介入，可以缓解设施供应企业的资金周转压力，也可以减轻需求方短期内支付大额治理资金的压力。此时，双边共享平台就变成了多边共享平台。当需求方有较长期限的预期治理需求时，还可以与第三方资本约定以分期付款的方式，在获得产品及服务的同时，最终获得设施的所有权。

典型案例：

2020 年 6 月，中关村科技租赁股份有限公司作为出租人与承租人（清河县亿中水务有限公司）订立融资租赁协议 III，据此，承租人将其自有租赁资产 III 出售给出租人，转让价款为人民币 4900 万元；出租人将租赁资产 III 租回给承租人，租赁期为 36 个月，总租赁款项为人民币 5324.57 万元。在融资租赁协议 III 项下，租赁款项包括融资租赁本金为人民币 4900 万元，以及融资租赁利息收入（含增值税）为人民币 424.57 万元[①]。

① 中关村科技租赁(01601)就污水处理设备订立融资租赁协议. 2020.

5. 地方政府债券资本共享模式

地方政府债券，是指地方政府及其授权代理机构发行的有价证券，主要用于当地城乡基础设施、公共安全和生态环境保护等公益性项目的建设，是地方政府筹措地方建设资金的一种手段。地方基础设施建设资金依靠发行地方债券筹得，既不会造成税收在特定年份的突然增加，又为基础设施建设提供了资金来源。在互联网金融的大环境下，可以通过互联网金融平台或手机 APP 等方式实现快速的债券信息查询和认购交易等，更好地发挥金融服务功能，为各类重点工程项目提供更充裕的资金保障。

典型案例：

浙江省支持地方政府自主发债筹集“五水共治”建设资金，帮助符合条件的企业通过上市、发行债券和债务融资工具进行直接融资。债券融资由地方政府委托国有第三方企业作为债券发行人，依托浙江股权交易中心平台，吸引金融资本和民间资本参与到治水工作，在大力推进流域水污染治理的同时，也让老百姓得到较好的投资回报。浙江股权交易中心是浙江省政府设立的省级股权交易平台，旗下的互联网金融平台“浙里投”是全国首个区域市场推出的互联网金融平台。2015 年，由绍兴城中村改造建设投资有限公司发行的“五水共治”5 亿元债券登陆浙江股权交易中心旗下的“浙里投”平台开始发售，该理财产品最低认购金额为 5 万元，预期年化收益率为 8.0%～8.1%，产品投资期限为 2 年。债券产品在持有 5 个工作日后便可在“产品转让区”随时变现，这一便捷功能为随时有用钱需求的投资者提供了可靠的产品流动性保障。此次发行的“五水共治”债券所募集的资金将用于鉴湖水环境综合整治项目。这一惠民工程是绍兴市“五水共治”总部署的重要组成部分之一，将重点改善鉴湖水系及周边人居环境[①]。

6. 捆绑运作资本共享模式

将流域水污染治理项目与区域开发、资源开发、生态农业发展、旅游开发等高收益项目进行捆绑推进，实施整体综合开发和建设管理，吸引社会资本投入，实现经济开发与生态环境保护相互促进、互利共赢，就是流域水污染治理的捆绑运作模式。社会资本参与水污染治理的同时进行经济开发，将污染治理与高回报项目打捆运作，也是一种资本共享的模式，即典型投融资模式中的“捆

① “五水共治”债券今日开始发售 最低认购 5 万元.

绑运作模式”。

在互联网金融大环境下，捆绑运作的社会资本方可以依托地方银行、股权交易中心等金融平台更加快速有效地实现项目融资，以较高投入参与较低收益的流域水污染治理项目，在改善区域水环境的同时，获得相应区域或资源开发的权利并获取较高收益，总体上降低水污染治理成本，还可以实现协同治理和开发的双赢局面。社会资本直接参与流域治理，通过高收益项目获得回报；地方政府减轻了治理资金的压力，提高了治理效率；其他公众通过互联网金融手段间接参与流域治理，可获得相应的投资收益；综合来看，这种模式有利于推动流域水污染治理。

典型案例：

无锡市太湖流域水污染治理与太湖新城的开发同期进行，不仅改善了流域水环境质量，同时提升了太湖新城区域的房地产价格和旅游环境质量，带来区域综合社会、经济、环境效益的总体提升。一方面实现了政府的流域治理目标，另一方面也给参与的社会资本带来相应的收益。

7. 点源-面源排污权交易资本共享模式

点源-面源排污权交易机制的提出是基于美国在流域水污染治理方面的案例经验：国外企业通过参与点源与面源之间的排污权交易，不仅可以推动流域水环境质量的改善，降低政府的治理成本，还可以为企业获得更多的排污权用于扩大生产或者进入排污权交易市场，对参与各方也都是有益的。如果我国的排污权交易平台能够扩展到面源污染治理的领域，政府通过释放面源治理的排污权指标，鼓励点源企业参与流域水污染治理并获得相应的排污权指标，那么排污权交易平台也将成为服务于流域水污染治理的又一个有效的资本共享服务平台。

我国流域面源污染压力持续增加，流域面源污染治理面临主体责任不明，治理资金缺口大等问题，引入企业资本进入流域水环境治理已是迫切需求。可参照国外经验，建立企业参与流域环境治理的点源-面源排污权交易机制。对企业而言，可以通过参与流域治理降低治理成本或者获取额外的排污指标；对政府而言，可以增加流域面源治理的资金来源，加快治理进度，减轻地方政府的财政压力；对流域内城乡居民和水环境而言，可以改善流域总体生态环境质量，提升群众对于生态环境的满意度；综合来看，这种模式有利于推动流域水污染治理。

6.2　流域水污染治理设施及服务共享租赁模式构建

农村生活污水和黑臭水体治理是目前我国流域水污染治理的重要内容，由于受到流域和区域间社会经济发展水平、人居环境改善要求、水污染治理和水环境保护的压力不同等多种因素影响，各地农村生活污水治理设施的建设和运行情况存在较大差异，不同时期需着力解决的重点问题也各不相同。有的地区虽然已经建了不少分散治理设施但是得不到专业运维，难以保证治理效果；有的地区分散式设施建成没多久便整体改为集中纳管处理模式，造成已建成设施的废弃；更多地区则苦于虽有治理需求，但是政府财力不足，无法进行大规模投入。

当前，我国正处于快速城镇化阶段，由于各地社会经济状况的不同，区域间农村生活污水治理需求的变化趋势不同。一是部分近郊农村近期虽有治理需求但远期已纳入城镇发展规划，将逐步建设市政排水管网，纳入城镇处理系统；二是部分环境敏感的偏远农村如水源保护地范围内的村庄，近期虽有治理需求但随着人口搬迁和自然减少，一段时间后治理需求将不再存在，可以预见这两类地区如果建设永久性治理设施，未来都可能会出现已建设施停用的状况，造成资本和资源的浪费。

快速城镇化过程中，农村黑臭水体的治理需求也存在明显阶段性特征，对黑臭水体的治理提出了更高要求。黑臭水体主要来自流域内未经处理或处理效果不理想的生活污水和畜禽养殖等农业面源污染，可通过截留污水-设施处理-达标排放的方式解决水体的黑臭问题。随着城乡污水处理系统的完善以及各类流域面源治理工作的逐步开展，通过污水处理设施的建设运行来治理黑臭水体的需求也将很快消失，治理设施将同样面临停用状况。

本书基于部分地区在实践中探索形成的污水处理设施及服务租赁模式，提出构建“污水处理设施及服务共享租赁模式”的构想，旨在进一步满足多样化、阶段性的污水治理需求，缓解农村污水治理的资金压力，同时提升设施专业化运维水平，提高污水治理和设备使用效率。

6.2.1　水污染治理设施及服务租赁模式的适用条件和优势

第一，污水处理设施及服务租赁模式适用于存在阶段性或临时性治理需求，建设永久性固定设施成本过高的区域，如纳入市政管网规划的快速城镇化地区、有搬迁计划或人口衰减的水源保护区等农村生活污水治理区域，临时黑臭水体治理及临时性生活区污水治理，可有效解决短期治理需求迫切与长期需求消失的矛盾。在农村生活污水治理方面，在快速城镇化地区，短期内农村污水需要治理，未来规划中多纳入城镇管网；有搬迁计划或人口衰减的环境敏感地区，短期内存在治理需求，随着人口转移或减少治理需求消失。在黑臭水体治理方面，短期内为缓解水质断面达标压力有治理需求，长期来看，随着流域面源治理和生活污水逐步纳入城镇管网，直接针对黑臭水体进行治理的需求也将逐步消失；在临时生活区如施工工地生活区、短期季节性旅游区等，生活污水排放具有明显的临时性和阶段性，工程结束后或旅游季过去后，治理需求自然消失。

第二，水污染治理设施及服务租赁模式可以缓解区域水质断面达标压力。对于短期内面临较大断面水质达标压力的区域来说,可通过水污染治理设施及服务租赁模式，通过截留污水进入设施处理等方式对不达标水体进行临时处理，尽快满足区域流域考核要求。待到流域面源治理或生活污水集中收集处理等治理措施完成后，可以实现稳定达标时，再将设施拆除并移作他用。

第三，污水处理设施及服务租赁模式可以在降低治理成本的同时提高设施的专业运维水平。租赁第三方企业的一体化设备进行污水处理，无须一次性支付较高的设施建设或购买成本，污水处理费用分期支付，减轻了政府的财政压力，同时，第三方企业提供设施的专业运维服务，采购方按照约定的治理效果支付费用，可有效保障设施的达标运行。

第四，污水处理设施及服务租赁模式可以提高设施的使用效率。小型污水处理设施的一般预期使用寿命为10～20年，租赁到期后，设施出租方可以将设施转移到其他有需求的地方继续使用，避免设施闲置和资源浪费。

6.2.2 现有污水处理设施及服务租赁模式的局限性分析

污水处理设施及服务租赁模式在农村污水治理与黑臭水体治理方面已有探索应用。这种设施及服务租赁模式作为流域水污染治理投融资模式和长效运营机制的成功经验之一，从降低成本、提高运维水平、提高设施利用率等方面都具有较大的优势。

然而，从较大范围来看，目前设施及服务租赁模式应用范围仍然极为有限，仅在少数案例中得以应用，究其原因，一方面在于目前虽然污水处理设备生产制造企业较多，但开展设施及服务租赁业务的供给企业较少，供给不足；另一方面则在于地方政府对区域总体治理现状和需求变化趋势认识不足，对租赁模式的优点和适用条件认识不足，有效需求不足。

对于设施及服务供给方来说，设施及服务租赁模式对企业的技术和经济实力要求较高：要求供给方企业具备相应的技术实力，能够从技术设备和运维管理等方面保证设备稳定达标运行；要求供给方企业具备足够的经济实力负担污水处理设施的制造和运营成本，允许需求方以分期支付租赁费用的方式获得长期回报而不是单纯通过产品售卖获得一次性收益。

对于需求方来说，设施及服务租赁模式也有一定的前期要求。首先，设施及服务租赁模式适用于人口集聚或环境敏感等有迫切治理需求的地区；其次，设施及服务租赁模式适用于地方政府面临资金不足和水质达标的双重压力的地区。当治理资金来自上级专项治理资金或者达标压力较小，地方政府缺乏主动采取租赁模式的动力；再次，需求方与供给方需就污水收集方式达成一致，如社区排水设施完善，供给方根据污水规模提供相应规格的设施进行处理即可。如满足污水收集条件存在一定难度，在北方排水量较少的地区，可借鉴采用罐车拉运+集中处理模式，减少管网建设和维护成本；最后，设施及服务租赁费用标准核算及支付方式需要提前确定，需求方需保证按照约定支付服务费用。此外，随着社会经济发展，设施生产成本、服务成本、治理标准、处理规模等都会发生变化，因此还应存在动态调整机制，确保合作期内供需双方都获得收益。

6.2.3　构建水污染治理设施及服务共享租赁模式建议

基于以上分析，提出如下构建水污染治理设施及服务租赁的共享经济模式建议。

第一，发挥政府主导作用，鼓励地方政府在现有网络平台基础上建立第三方环境治理设施及服务租赁共享应用平台，共享平台的供给方企业接纳可面向全国具有相应资质的水污染治理企业，并明确可提供服务的设施规格、服务范围、出水标准、地方配套要求、服务价格体系及技术支持体系等。有治理需求和支付能力的地方政府、污染企业、住宅小区等作为需求主体，可根据实际治理需求、地理区位、价格筛选、服务评价等因素，利用共享平台快速匹配合适的供给方，建立合作关系，快速实现区域水污染治理和水环境质量改善的目标。

第二，在多边共享平台上，设施及服务租赁还可以采用融资租赁的模式，推动社会资本参与。即由第三方社会资本向设施供应企业购买产品及服务，再由第三方社会资本向需求方提供租赁服务的模式。在这种模式下，需求方与第三方社会资本构成供求关系，设施生产企业通过销售产品和提供服务获得收益，第三方社会资本则通过向需求方收取租金的形式获得收益,需求方则以较低成本满足了产品和服务使用的需求。由于第三方社会资本的介入，可以缓解设施供应企业的资金周转压力，也可以减轻需求方短期内支付大额治理资金的压力。当需求方有较长期限的预期治理需求时，还可以与第三方资本约定以分期付款的方式，在获得产品及服务的同时，最终获得设施的所有权。

第三，鼓励技术模式与治理案例共享。多边共享平台中，技术模式与治理案例共享有助于治理设施供给方与需求方的最佳匹配。目前各地都普遍面临农村生活污水治理和黑臭水体治理的需求，技术模式及治理案例可以为有需求的地区提供案例参考和经验借鉴，有助于地方政府和企业筛选合适的供给方并选择合适的治理模式，同时，也为技术模式的推广应用提供了更广阔的平台。

第四，鼓励有一定经济基础，但暂时无法实现全域统一治理的地区，优先选择人口集聚和环境敏感的重点区域，推进污水收集系统建设，为生活污水设施及服务共享租赁处理模式提供必要条件。由于污水收集系统建设是公益性的非经营性项目，不具有长期、稳定、持续的收益，建议国家未来农村生活污水治理重点倾向于管网建设等污水收集系统建设和运维，将设施建设和运维交由市场，通过 PPP 模式、设施及服务租赁模式等实现污水处理设施的建设和运维，切实保证治理效果，实现流域水环境质量改善的治理目标。

6.3 流域水污染治理共享经济模式小结

共享经济是最近几年随着互联网技术的广泛应用而发展起来的新经济模式，共享经济模式的高效运行以互联网为基础，可以认为是“互联网+”经济模式的一种，有了“互联网+”技术的支持，共享经济模式得以迅速发展并广泛应用到包括环保领域在内的社会经济诸多领域。

基于交易成本理论、协同消费理论和多边平台理论，共享经济模式通过互联网共享平台连接供给方与需求方，通过以更高效率、更低成本共享信息、产品及服务等方式，实现资源的高效利用，同时为参与各方带来收益，使得共享经济模式较传统市场经济模式具有更多优势。

在流域水污染治理方面，基于治理技术、治理设施和资本投入三个方面的需求与供给匹配结果，本书将流域水污染治理的共享经济模式分为三种类型，即技术模式共享、基础设施共享和社会资本的共享。治理和管理技术的共享可以通过“流域水污染治理技术成果共享服务系统”和“国家生态环境科技成果转化综合服务平台”等共享平台来实现，基础设施的共享可以通过第三方集中处理处置设施及服务共享和污水处理设施及服务共享来实现，社会资本的共享则可以通过 PPP 模式、地方政府债券模式、融资租赁模式、捆绑运作模式、点源-面源排污权交易模式等，利用相应的互联网平台扩大融资范围，提高融资效率，引导和鼓励更多社会资本参与流域水污染治理。典型共享经济模式及其适用条件见表 6-1。

表 6-1　典型共享经济模式特点及适用条件

共享经济模式	模式特点及适用条件	技术作用
智能运维/监控技术共享	基于物联网技术、互联网技术和自动控制技术而形成的标准化、智能化、可远程管控的智慧化污水治理设施运维管理工作平台。适用于经济条件发达，设施数量多，覆盖范围较广的区域	提高运维效率，加强监管
第三方集中处理设施及服务共享	建立第三方集中治理设施及服务共享平台，推动区域分散污染物集中处理。适用于养殖量大，可开展整县推进面源治理的区域	总体提高治理效率
污水处理设施及服务共享	建立第三方环境治理设施租赁及服务共享平台，推动污水处理设施及服务租赁。适用于有短期治理需求的区域，如城镇规划区污水治理	提高设施利用效率
融资租赁设施及资本共享	设施及服务租赁还可以采用融资租赁的模式，由第三方社会资本向设施供应企业购买产品及服务，再由第三方社会资本向需求方提供租赁服务的模式。适用于市场经济发达，社会资本活跃地区	引导社会资本投入
地方政府债券资本共享	地方政府发行债券，通过互联网金融平台或手机 APP 等方式实现快速交易，更好地发挥金融服务功能，为各类重点工程项目提供更充裕的资金保障。适用于市场经济发达，社会资本活跃地区	提高资金募集效率
捆绑运作资本共享	将流域水污染治理项目与区域开发、旅游开发等高收益项目进行捆绑推进，综合开发，吸引社会资本投入，社会资本方可以依托地方银行、股权交易中心等金融平台快速实现项目融资目标。适用于有规划开发项目的区域	引导社会资本投入
点源-面源排污权交易资本共享	将排污权交易扩展到面源污染治理的领域，政府通过释放面源治理的排污权指标，鼓励点源企业参与流域水污染治理并获得相应的排污权指标，排污权交易平台也将成为共享服务平台。适用于开展小流域面源治理的区域	引导社会资本投入

由于“互联网+”技术已经广泛应用于社会经济各个领域，在流域水污染治理过程中，一些典型共享经济模式已有探索性应用，如智能运维/监控技术共享模式、第三方集中处理设施及服务共享模式、地方政府债券资本共享模式等。在污水治理设施及

服务租赁方面，尽管在一些地区已有探索性应用，但尚未形成规模的污水处理设施及服务共享租赁模式，基于部分地区在实践中探索形成的污水处理设施及服务租赁模式，本书提出构建“污水处理设施及服务共享租赁模式”的建议构想，旨在进一步满足多样化、阶段性的污水治理需求，缓解农村污水治理的资金压力，同时提升设施专业化运维水平，提高污水治理和设备使用效率。

第7章　典型流域水污染治理市场机制构建及应用案例

太湖流域和京津冀地区是我国流域水污染治理的重点区域，也是水专项重点示范区域，“十一五”至“十三五”期间，水专项在这些地区开展了一系列市场机制相关的研究和试点应用。长江流域横跨我国东中西三大板块，东部地区经济发展较快，中西部地区相对较慢。浙闽片河流所在的东南沿海地区经济发展较快，市场机制应用发展较为成熟。本章结合文献研究与实地调研，重点选择了太湖流域的浙江省、江苏省，京津冀地区的北京市，长江流域的重庆市，以及浙闽片河流所在的浙江省、福建省等地，对典型流域水污染治理现状及市场机制典型模式应用情况进行梳理，通过案例实践分析发达地区的市场机制政策、典型投融资模式及长效运营机制的应用成效，对典型流域水污染治理市场机制框架进行分析，评估其适用性、经济性和有效性，并以辽河流域的四平市为例，分析地方政府如何在分析流域水污染治理和市场机制现状的基础上，借鉴国内外研究和实践经验，进一步完善当地市场机制应用框架，推动流域水环境质量改善。

7.1 江苏省流域水污染治理市场机制应用现状

7.1.1 江苏省流域水污染治理现状

江苏省自 2007 年以来，大力推进流域水污染治理工作，取得了明显成效。截至 2018 年，建成投运城镇生活污水处理厂 793 座，污水处理能力达 1700 万 m^3/d，建成污水收集主干管网 5.35 万 km，建有生活污水处理设施的建制镇比例达 99.7%①。截至 2020 年底，全省 11480 个行政村共建有 36700 套生活污水治理设施，行政村治理覆盖率为 74.6%，其中苏南地区为 100%，苏中地区为 77%，苏北地区为 64%。江苏省以区县为单位整县制推进农村生活污水社会化治理，鼓励各地充分运用 PPP、EPC+O 等模式，培育多元化的农村生活污水治理市场主体，建立政府、市场、金融机构、受益农户等多方投入机制，形成“政府主导、市场化运作”的投融资和建设运行管护机制，实现专业化运营、统一化管理。

① 王晓映，唐悦，白雪. 2019. 高标准高要求，江苏“城乡建设高质量”交出亮丽答卷. 新华日报.

7.1.2 江苏省流域水污染治理市场机制政策体系及应用情况

1. 污水处理收费政策

2016 年，江苏省发布《江苏省污水处理费征收使用管理实施办法》，全面开征城镇污水处理费，调整污水处理费标准，同时将全面实行差别化污水处理收费政策。该办法明确，苏南地区县以上城市污水处理费平均收费标准将调至 1.5～2 元/m^3，苏中、苏北地区县以上城市污水处理费平均收费标准将调至 1.2～1.6 元/m^3；建制镇污水处理收费标准按照苏南地区、其他地区分别平均不低于 0.6 元/m^3、0.4 元/m^3 征收，具体标准由各市、县物价部门会同财政部门制定。以常熟市为例，通过城乡区域一体化供水，常熟市将自来水费中按 1.3 元/m^3 附征的污水处理费作为建设运维资金，全市每年征收生活污水处理费达 2.6 亿元。

在农村生活污水处理收费机制建设方面，目前江苏省部分地区已将农村生活污水处理费纳入自来水费进行统一征收，根据实地调研结果，吨水污水处理费用标准在 0.35～1.35 元不等。在农村开征污水处理费，可以作为农村生活污水治理资金的适当补充，更大的作用是强化村民环境卫生意识，提升村民参与人居环境整治的自觉性、积极性、主动性。

2. 排污权有偿使用和交易政策

2007 年，江苏省首先在太湖流域启动主要水污染物排污权有偿使用和交易试点。为了配合支持排污权有偿使用和交易试点工作，江苏省人民政府先后出台了《江苏省排放水污染物许可证管理办法》《江苏省太湖流域主要水污染物排污权有偿使用和交易试点方案细则》《江苏省太湖流域主要水污染物排污权交易管理暂行办法》《江苏省太湖流域主要水污染物排放指标有偿使用收费管理办法（试行）》《江苏省太湖流域主要水污染物排污权有偿使用和交易试点排放指标申购核定暂行办法》《江苏省太湖流域主要水污染物排污权有偿使用和交易试点单位排污量核定暂行办法》《江苏省太湖流域主要水污染物排污权有偿使用和交易试点单位在线监测系统比对监测工作方案》等指导性的政策法规。

2008 年，太湖流域 200 多家重点排污企业有偿获得污染物的排放权。“十一五”期间，太湖流域各设区市主要行业基本完成主要水污染物排污权有偿使用，并开展多笔排污权交易。2011 年太湖流域参与有偿使用的排污指标扩大到 COD、氨氮、总磷三项主要水污染物，将农业源等新污染源纳入试点范围。2015 年，江苏出台《关于进一步完善排污权有偿使用与交易收费问题的通知》，把试点范围从太湖流域向全省延伸，试点重心从排污权有偿使用向交易延伸，在全省范围内开展多笔排污权交易。2017

年，江苏省政府办公厅印发《江苏省排污权有偿使用和交易管理暂行办法》，明确 COD、氨氮、总磷、总氮等主要水污染排放物将实行有偿使用和交易，并根据环境质量改善要求和排污单位承受能力，对现有排污单位逐步实行排污权有偿使用，新建、改建、扩建项目新增排污权通过交易取得；同时对排污权有效期、取得方式、管理平台、与许可证关系等方面均做出了统一的规定。经过十年的试点探索，江苏省大部分设区市都陆续开展了排污权有偿使用和交易工作，截至 2017 年，江苏省累计征收排污权有偿使用费 2.55 亿元，实现排污权交易总金额 4.23 亿元。

3. 流域生态补偿政策

在流域生态补偿方面，江苏省先后推动实施了横向的流域上下游水环境资源区域补偿机制和纵向的生态补偿转移支付机制。

江苏省政府先后于 2008 年、2009 年发布了《江苏省环境资源区域补偿办法（试行）》和《江苏省太湖流域环境资源区域补偿方案（试行）》，以“谁污染谁付费、谁破坏谁补偿”为原则，在江苏省太湖流域主要河流推行环境资源区域补偿制度，即上游设区的市出境水质超过控制断面水质目标的，由上游设区的市及所辖县（市）政府根据责任对下游设区的市予以资金补偿；对直接排入太湖湖体的河流，上游设区的市入湖断面、入清水廊道断面、入省界断面水质超过控制断面水质目标的，由上游设区的市及所辖县（市）政府根据责任向省级财政缴纳补偿资金。省财政收取的补偿资金实行专项管理，全部用于太湖流域水环境综合治理。2013 年，江苏省出台了《江苏省水环境区域补偿实施办法（试行）》，太湖流域生态补偿机制进一步推广到全省范围，根据“谁达标、谁受益，谁超标、谁补偿”的原则，实行“双向补偿”，即对水质未达标的市、县予以处罚，对水质受上游影响的市、县予以补偿，对水质达标的市、县予以奖补。2016 年江苏省制定了《江苏省水环境区域补偿工作方案》，2020 年，江苏省印发《江苏省水环境区域补偿工作方案（2020 年修订）》，进一步完善了“双向补偿”制度，补偿断面从原有 66 个增加到 112 个再增加到 245 个，进一步收紧考核指标，并提高了补偿和奖励标准。2016～2020 年，纳入补偿范围的 112 个补偿断面达标率从 60%左右提升至 91.7%以上，高锰酸盐指数、氨氮、总磷浓度逐年降低，2020 年较 2016 年分别下降了 4%、58.5%和 39.1%。同时，该项政策的实施显著增加了流域水环境治理投入，“十三五”以来，全省共筹集区域补偿资金 11.36 亿元，带动了各类投资超过 53.5 亿元，涉及各类项目 326 个①。

---

①《江苏省水环境区域补偿工作方案》修订政策解读之一. 2021.

从 2013 年起，江苏省还设立了省级生态补偿转移支付资金。2014 年，《江苏省生态补偿转移支付暂行办法》发布，明确对《江苏省生态红线区域保护规划》中确定的一级管控区给予重点补助，对二级管控区给予适当补助；对不同区域、不同级别、不同类型的生态红线区域，采取不同标准进行补助。省级财政每年根据年度财力情况安排一定额度的生态补偿转移支付资金，资金全部用于生态红线区域内的环境保护、生态修复和生态补偿。截至 2017 年，江苏省已累计安排补偿资金 70 亿元，并逐年加大对太湖流域市县生态补偿资金的支持力度[①]。

4. 水污染防治专项资金政策

自 2007 年太湖水危机以来，江苏省省级财政每年投入 20 亿专项资金治理太湖。同时，太湖流域各市县每年从新增财力中安排 10%～20%，专项用于本地区太湖水污染治理。2007～2019 年省级专项资金已安排 13 期，约 260 亿元，重点支持列入国家和省治太方案的工程项目。

为加强专项资金管理，2008 年，江苏省财政厅牵头印发《江苏省太湖水污染治理专项资金使用管理办法（试行）》；2014 年，江苏省人民政府印发《江苏省太湖流域水环境综合治理省级专项资金使用和项目管理暂行办法》，采取省级统筹与切块地方相结合、以切块为主的方式（统筹和切块按照 4 : 6 分配）；2017 年，江苏省人民政府印发《江苏省太湖流域水环境综合治理省级专项资金和项目管理办法》，对切块资金安排做了进一步改革；2020 年，江苏省财政厅、生态环境厅印发《江苏省太湖流域水环境综合治理专项资金管理办法》，进一步规范省太湖流域水环境综合治理专项资金管理，提高资金使用绩效。

以无锡市为例，无锡市积极争取国家、江苏省的资金，同时利用市财政资金保障太湖水污染治理重点项目的建设，强势推进太湖水污染防治工作。无锡市在原有环保资金的基础上，从新增财力中划出 10%～20%（20 亿元左右），专项用于太湖水污染治理。与此同时，无锡市还积极拓宽筹资渠道，通过政府融资和鼓励社会资本投入，落实太湖水污染治理资金。近年来，无锡在太湖治理、水生态环境保护修复方面共投入经费约 650 亿元，实施并建成 3300 个重点工程；其中，无锡地方投入 566 亿元，占投入经费的 87%。通过实施控源截污、蓝藻打捞、调水引流、底泥清淤、生态修复等各项措施，无锡太湖流域水污染综合治理取得了显著成效。

---

① 顾名筛. 2019. 江苏不惜重金治理太湖，每年投 20 亿专项资金. 中国新闻网.

5. 绿色保险政策

2009年，无锡市被环境保护部列为全国环境污染责任保险试点城市。2011年，无锡市印发《无锡市环境污染责任保险实施意见》，按照“政府推动、市场运作、专业经营、风险可控、多方共赢”的基本原则，要求无锡太湖流域一级保护区、饮用水水源地二级保护区范围内的企业，医院、学校、大型居民住宅区300 m范围内的企业，化工、造纸、污水处理等环境污染风险高的行业企业购买环责险，率先在国内试点推行环境污染责任保险。2014年，中国银监会无锡监管分局、无锡市环境保护局联合出台《关于建立环保信息共享机制推进绿色信贷工作的通知》，将环责险环境风险评估与环境信用等级评定、绿色信贷等挂钩，使环境风险高而不投保环责险的企业，面临行政与信贷联动惩戒。2021年，《无锡市水环境保护条例》明确提出“涉重金属等环境污染高风险企业，以及收集、贮（储）存、运输、利用、处置危险废物的单位，应当按照国家有关规定投保环境污染责任险”。

无锡市将环境风险评估嵌入保险机制之中，充分发挥第三方环境风险评估专家作用，实现环评的专业化和市场化。保险公司常年聘请专家成立第三方环境风险评估专家组，在企业投保前开展现场评估。无锡市以环责险数据库为支撑，并依托互联网微信平台，开发建立“无锡环责险环境安全信息云平台”，构建了政府部门、保险公司、投保企业三位一体的环境风险预警与防范系统，实现了多方共赢。截至2021年中，无锡市在保企业1701家。累计参保企业超过1.06万家次，承担责任风险100.36亿元；累计处理环境污染责任保险案件130多起，涉及赔款金额1327万元；累计保费收入1.53亿元[①]。累计专家现场查勘5000余次，帮助企业排查出较大环境风险隐患4万余个，减少了各类环境污染事故的发生，探索出了一条运用保险机制参与环境治理的新途径，形成了独有的“无锡模式”[②]。

通过推进绿色保险，充分利用市场力量，政府减轻了对企业的监管压力，企业内部风险管理加强，实现了由“污染末端治理”向“污染全过程控制”的转变，减少了环境隐患，保险公司拓展了新的业务市场，污染受害者权益得到保护，实现了多方共赢（朱玫，2018）。

① 马燕. 2021. 环责险“无锡模式”实现多方共赢，制度创新、参保规模、推行力度走在全国前列. 扬子晚报.

② 无锡市新一轮环境污染责任保险工作全面启动. 2018.

7.1.3　江苏省流域水污染治理典型投融资模式

1. 常熟市区域一体化 PPP 模式

常熟市自 2008 年开始探索实践农村生活污水治理工作，按照“能集中则集中、宜分散则分散”的原则，合理选定纳入污水管网和就近分散处理方式。全市农村生活污水治理涉及 5432 个自然村、20.5 万户。常熟市根据《常熟市城市总体规划（2010—2030）》《常熟市镇村污水处理专项规划》的要求，探索形成“四个统一”（统一规划、统一建设、统一运行、统一管理）治理模式，构建了“政府购买服务、企业一体化运作、委托第三方监管”工作机制，采用 PPP 模式引入社会资本，通过财政付费购买社会服务，推进农村污水处理工作，实现农村人居环境质量的提高。截至 2020 年底，已治理覆盖 5088 个自然村，其中采用分散式治理 2091 个自然村、受益农户 6.5 万户。累计建设农村分散式污水处理设施 1.5 万余套，占苏州全市分散式处理设施总量的 80%。2016 年常熟被住房城乡建设部评为“全国农村生活污水治理示范县”。

2015 年，常熟市发起农村分散式污水处理 PPP 一期项目，对 330 个自然村实施生活污水收集治理，污水收集量为 4129.4 m^3/d，受益农户约 12268 户。该项目总投资约为 2.69 亿元，户均投资 2.2 万元，污水处理服务费 2176.39 元/（户·a），通过竞争性磋商，选定中国中车股份有限公司为供应服务商，中标服务费为 1935 元/（户·a），由政府绩效考核后付费。项目公司股权结构为政府方持股 35%，社会资本方持股 65%。该项目特许经营权期限为 26 年，其中建设期 1 年，商业运营期 25 年。

2017 年，常熟市发起农村分散式污水处理 PPP 二期项目，对 398 个自然村实施生活污水收集治理，污水收集量为 5783.52 m^3/d，受益农户约 13549 户。项目总投资 3.15 亿元，户均投资 2.32 万元，污水处理服务费 2428 元/（户·a），经过竞争性谈判，确认中国中车股份有限公司（一标段）、北京首创股份有限公司（二标段）为成交供应商，污水处理服务费成交价格为每年 1980 元/户，由政府绩效考核后付费。政府出资方出资占比为 35%，社会资本方出资比例为 65%。项目建设期为 1 年、特许经营期为 25 年。

2019 年，常熟市发起农村分散式生活污水治理 PPP 三期项目，对常熟市下辖的 449 个自然村进行污水收集与处理，污水收集量为 4397.34 m^3/d，受益户数为 13587 户。该项目估算总投资 4.96 亿元，户均投资约 3.65 万元。成交社会资本方为中车山东机车车辆有限公司，污水处理服务费单价为 2880 元/（户·a）。该项目的合作期限约 27 年，项目评价基年为 2019 年，运营期 25 年。

PPP 项目运作模式。项目采用 BOT 运作方式，由政府方与通过竞争性磋商方式选定的中选社会资本与政府出资代表常熟市水务投资发展有限公司共同出资组建项目公司（special purpose vehicle，SPV），同时签订“特许经营协议”，由项目公司在协议约定的特许经营期内负责该项目设施的设计、融资、建设以及项目建设完成后的运营维护及设备更新工作，在运营期内由市财政根据绩效考核结果将污水处理服务费支付给项目公司。待特许经营期届满后，由项目公司将项目内设施及相关权益完好、无偿地移交给常熟市水利局。

投资回报机制。该项目采取政府付费的方式，根据常熟市的财政能力及辖区农村的特点（污水量难计量，污水费征收率低），且考虑到农村居民用水亦难以监测，农村可能存在的空巢化等问题，因此政府方拟以户为单位按照合同约定的绩效考核结果直接向项目公司支付服务费。

绩效考核机制。项目行业主管部门常熟市水利局拟定常熟市农村分散式污水处理的技术检测方法与标准，从项目公司的运营管理，设施的运营维护，管网的维护，水质的检测和群众意见等方面设计管理与绩效考核办法，并通过排水管理所结合远程监控系统对分散式污水处理设施运行情况进行日常监督管理，每月对运行效果进行现场抽检评分，根据考核结果拨付运行经费。

2. 丹阳市 EPC+O 模式

2016 年，江苏省丹阳市被确定全省首批村庄生活污水治理试点县，重点针对规划发展村庄及撤并乡镇集镇区所在地村庄。丹阳市制定了《丹阳市村庄生活污水治理实施方案》，编制了《丹阳市新一轮村庄生活污水治理专项规划》，通过规划先行，引领农村生活污水治理工作。

丹阳市村庄生活污水治理建设及运维服务项目服务范围为 388 个自然村，共计 44011 户，工程总投资概算近 11 亿元。建设内容主要包含三格式化粪池、污水管网、一体化污水泵坑、污水处理设施等的建设。项目运维服务内容为对已建成村庄污水治理工程主体的日常巡视、保养、检修、重置更新等，保障服务范围内村庄生活污水不外流溢出，污水出水水质标准满足《城镇污水处理厂污染物排放标准》（GB 18918—2002）一级 B 的标准。丹阳市在项目实施村统一规划、统一设计、统一施工、统一运维，实行整体推进、一体化实施，保证了工程质量和衔接效果。村庄污水处理厂（站）采取整体打包托管运营方式交由北京桑德环境工程有限公司统一运营管理，采取建成一批、验收一批、移交一批的分阶段接管模式，最终全部交付北京桑德环境工程有限公司统一运维管理。

丹阳市农村生活污水治理工程项目在规划设计之初就统筹考虑到建成后的长期运

维问题，探索采用 EPC+O 模式，招标优选专业化企业，构建“政府主导、企业运行”的市场机制，整体推进村庄生活污水处理设施建设与运行维护。丹阳市与北京桑德环境工程有限公司签订 20 年合同，以运维 18 年、每年每户 280 元的标准，将运维费用包括在招标价格中，后期运维采取按月考核服务绩效、半年付费，考核得分与付费挂钩，运维不达标扣除服务费，确保了项目的顺利运行①。

3. 江苏省环保集团模式

江苏省环保集团有限公司（简称江苏省环保集团）是经江苏省委、江苏省人民政府批准，于 2019 年成立的江苏省属大型战略性环保产业集团，注册资本金 50 亿元。江苏省环保集团为多元投资主体国有控股公司，由江苏省委管理领导班子、江苏省生态环境厅负责行业管理和业务指导，江苏省人民政府国有资产监督管理委员会列名监管。江苏省环保集团是全省重点环境基础设施建设项目的省级投资主体，是江苏省环境治理技术研发和数据集成的重要平台，也是引导省市国有资本联动发展环保产业的主要力量，在大气和水环境治理、土壤污染治理与修复、固危废安全处置、生态保护修复、农村环境综合整治、工业园区环境整治、生态环境监测监控建设运维等方面发挥作用。江苏省环保集团积极构建省市国有资本协同联动、各类资本积极参与的投融资体系，牵头推进实施重大环境基础设施项目，实现项目投资、建设、运营一体化，推动实现社会效益、环境效益和经济效益协同发展。

针对农村生活污水治理 PPP 项目利润低，难以满足社会资本方利润需求，且前期建设费用比重大，后期运维约束力较低，难以保证设施的长效运营等问题，江苏省环保集团与无锡市地方国有资本联动，采用“ABO（授权-建设-运营）&（1+8）年”模式实施无锡市锡山区全域范围内农村污水整体提升项目的投资建设运营工作。“ABO&（1+8）年”模式即政府授予项目公司特许经营权，项目公司投资锡山农村污水整体提升项目，按照 1 年建设期和 8 年运营期为一个投资回收周期计算，9 年期满项目进行重新投资建设，开启新一周期投资建设经营。项目公司拥有投资建设的项目资产的所有权、经营权。

“ABO&（1+8）年”模式创建了农村生活污水治理领域省市资本联动投资建设运营新模式，项目收益率低于一般 PPP 模式、EPC+O 模式，最大程度上减轻地方政府财政压力。政府通过购买服务，延长项目回款周期，有利于减轻政府财政支出压力，让财政支出每年保持相对稳定数额，实现政府预算常态化，是一条市场化农村污水治理新路径，也符合绿色基金投资方向。

① 副省长批示：丹阳农村改厕与生活污水治理一体化做法值得借鉴. 2019.

7.1.4 江苏省流域水污染治理长效运营保障机制

1. 常熟市农村污水治理长效运营模式

“互联网+”监控及运维模式。运维单位针对农污设施分布广、布点多、运维管理难度大的问题,建设了远程监控信息管理系统平台及移动 APP 客户端,进行实时监控、统计分析、告警提示等,利用信息化手段实现对农污设施的有效管理和精细化管理。运维人员根据运维计划和平台发起的任务开展日常巡检、清掏、维修和水质调试,上传实时运行状态信息和运维过程记录,管理人员根据平台记录进行数据分析、质量进度人员管理及考核,实现运维管理的数字化、智能化和便捷化,打造了一套从运维计划、运维执行、运维记录、运维监管的全过程闭环管理模式,提高管理质量和效率的同时,降低了运营成本。

第三方监管模式。为弥补政府部门监管能力不足,常熟市制定了《常熟市农村污水治理第三方监管现场检查技术规程》,采购了第三方技术监管服务,针对投用设施开展现场检查。第三方监管单位对全市设施分成四块区域,分组进行巡检,配备了先进的取样化验等工具和仪器。每天的具体巡检计划制定均由监管信息平台根据年度、月度计划随机自动生成,并由手机 APP 端直接导航至设施点位。第三方监管单位按照技术规程确定的 35 项评判内容进行综合评判打分,打分不合格的,系统将自动对不合格设施生成整改清单上报行业主管部门,同时下发通知运维单位,再定期复查问题整改情况,实现闭环管理。第三方技术检查大数据还能帮助行业主管部门更加客观地了解和掌握当前农村生活污水处理设施整体完好率、运行率、水质达标情况以及存在的问题和不足,有利于工作政策、措施的及时调整完善。

定期考核与激励表彰模式。常熟市给水与排水管理所作为全市农村生活污水处理设施的行业监管部门负责组织季度考核,通过听取运营单位工作汇报、现场台账检查及第三方监管数据,进行考核打分,并按照运维单位考核得分来核拨相关运行费用。常熟市水务局作为行业行政主管部门,将乡镇农污治理工作纳入高质量发展考核,通过季度督查和年度综合考评,压实责任,形成竞争机制,并将年终考核排名前三位的乡镇作为市委市政府高质量发展优胜单位进行表彰。

2. 无锡市贡湖湾湿地示范工程长效运营模式

“十二五”期间,“太湖贡湖生态修复模式工程技术研究与综合示范”课题在太湖贡湖湾北部建成面积为 2.32 km^2 的大规模、大范围具有清水产流功能的生态修复综合示范区。针对生态修复工程建成后缺乏长效管理、难以长期稳定运行的问题，在无锡市太湖新城发展集团有限公司和“十二五”水专项的支持下，课题参与单位江苏江达生态环境科技有限公司成立了专业环境管理公司，从管理、技术和经济等方面为综合示范区的长效运营管理提供了基础，无锡市政府通过购买服务的形式支付运维费用。

目前，贡湖生态修复工程运行效果良好。示范区已有水生植物 75 种，覆盖度达 55%，生物多样性提高 60%以上。有鱼类 26 种，鸟类 107 种，成为白眼潜鸭、红头潜鸭及白骨顶等珍稀近危鸟类的停留和栖息地。建成太湖流域水生植物种源库 53300 m^2，成功保育原生水生植物 57 种；建设建筑面积 1500 m^2 的研究和展示基地，综合示范区集生态、观赏、休闲、科普教育为一体，吸引了大批游客前来游览，具备良好的社会和环境效益。

从示范工程长效运营实践进展来看，生态修复长效运行的管理技术体系具有较好的示范应用成效。江苏江达生态环境科技有限公司基于贡湖湾湿地的建设和运维成果推广生态修复技术，在更多地区开展水体生态修复工程和长效运维等业务，开展这些业务所得收益用来反哺支持贡湖湾湿地长效运行和维护管理，形成了“技术研发-技术示范-技术推广应用-支持技术研发和示范工程长效运行”的循环发展模式，也部分减轻了地方政府的财政负担。

从更大范围来看，无锡市太湖贡湖湾示范项目虽然几乎不能直接产生经济效益，但是湿地修复后长期生态环境效益较好，总体上提升了区域生态环境承载力，降低了区域社会治理成本。在贡湖湾治理之初，无锡太湖新城建设指挥部将城市区域开发与流域水污染治理进行捆绑式治理，将区域内的工业点源、畜禽养殖、水产养殖等区域全部统一进行生态设计和规划，建设湖滨缓冲带、生态走廊、生态湿地等，在改善区域生态环境的同时，也提高了区域综合竞争力。既带动区域房地产价格提升，也带动生态旅游、休闲娱乐等服务业发展，形成新的经济增长点。从短期来看，地方政府前期投入资金压力较大，但是通过市场化融资手段的应用，能够支撑大规模的开发建设和治理；长期来看，区域整体的社会经济环境效益得到了综合提高。

7.1.5　江苏省流域水污染治理市场机制分析

从流域水污染治理市场机制的适用性、经济性和有效性来看，江苏省基于太湖流域市场经济发达，市场主体较为活跃的经济现状，结合水专项课题研究成果和太湖流域实际治理需求，积极开展流域水污染治理市场机制的试点与应用，不断创新和完善市场机制政策和长效运营保障机制，建立适合于太湖流域的市场机制政策体系。同时，江苏省不断优化政府与社会资本合作模式，区域一体化 PPP 模式、EPC+O 模式、江苏省环保集团“ABO&（1+8）年”、第三方运营、“互联网+”运维及监管模式等采用了不同形式的政府与市场合作机制，总体上降低了流域治理成本，减轻了地方政府的投资压力，同时通过专业运营提高了治理效率，保障了治理效果，取得了良好的治理成效。江苏省市场经济较为发达，其完善的市场机制体系适用于我国其他经济较为发达的东部地区在推动流域治理时参考借鉴。

第一，完善投融资政策支持体系，明确主体责任，拓展流域水污染治理资金来源。江苏省先后出台了《江苏省太湖流域水环境综合治理专项资金管理办法》《江苏省污水处理费征收使用管理实施办法》《江苏省太湖流域主要水污染物排污权有偿使用和交易试点方案细则》《江苏省太湖流域主要水污染物排污权交易管理暂行办法》《江苏省太湖流域环境资源区域补偿方案（试行）》《江苏省水环境区域补偿工作方案》《江苏省生态补偿转移支付暂行办法》等一系列政策支持文件，确保通过市场机制推动太湖流域水污染治理有据可依。

江苏省流域水污染治理市场机制政策经验可归结为三个主要方面，一是充分发挥政府专项资金的治理作用，不断改进专项资金的管理模式和使用方向，提高政府投资效益；二是充分发挥环境经济政策的作用，综合运用污水处理收费、排污权有偿使用和交易、流域生态补偿等市场化政策机制，多渠道筹集政府治理资金；三是积极引入社会资本，大力开展政府和社会资本合作，通过多种类型的政府和社会资本合作模式推动流域治理，减轻政府投资压力。

第二，构建完善“投、建、运、管”一体化投融资模式。在具体的投融资模式选择上，江苏省充分借鉴早期流域水污染治理设施运营管理不专业、长效机制不健全、治理效果不理想的教训，在新一阶段的农村生活污水治理整治提升过程中，考虑农村生活污水治理投资、建设、运营、监管，再投资的全生命周期，创新采用了常熟市区域一体化 PPP 模式、丹阳市 EPC+O 模式、无锡市省级环保集团“ABO&（1+8）年”等一体化治理模式，为其他地区开展流域治理提供了良好的市场化模式借鉴。以常熟为代表的区域一体化 PPP 模式适用于区域经济较为发达，有条件实施整县推进的地区。丹阳市 EPC+O 模式基于政府投资，可统筹解决流域水污染治理设施建设和长效运营的保障问题。适用于有一定经济基础，投资额度较大，规划开展区域整体治理的地区，但运作流程较 PPP 模式更为简单，合作期限也更为灵活。江苏省环保集团针对以往 PPP 模式中存在的一些问题，首创农村生活污水治理领域省市资本联动投资建设运营新模式，实现项目投资、建设、运营一体化全生命周期管理，项目收益率低于一般 PPP 模式、EPC+O 模式，最大程度上减轻地方政府财政压力。

第三，形成典型长效运营机制。常熟市“互联网+”运维及监管模式在提高设施运营和监管效率的同时，降低了分散式污水处理设施的运维管理成本，是信息化时代提高流域生活污水治理效率的有效方式之一。无锡市太湖贡湖湾示范工程的第三方运营管理模式保障了湿地治理工程的长期效果，同时区域水环境质量的改善也带来了区域总体社会经济效益的提升。

7.2　浙江省流域水污染治理市场机制应用现状

7.2.1　浙江省流域水污染治理现状

2013 年起，浙江省全面推进“五水共治”工作。“五水共治”即治污水、防洪水、排涝水、保供水、抓节水。浙江“五水共治，治污先行”的路线图如下：三年（2014～2016 年）解决突出问题，明显见效；五年（2014～2018 年）基本解决问题，全面改观；七年（2014～2020 年）基本不出问题，实现质变。

2014～2016 年，浙江全省建设污水厌（兼）氧处理终端站点 103787 个，建设好氧处理终端站点 18206 个，敷设村内主管 34483 km，新增改造化粪池 301 万户。到 2016 年底，全省新增生活污水有效治理村（农户受益率 80%以上）2.1 万个，新增受益农户 510 万户，村庄覆盖率从 2013 年的 12%提高到 90%，农户受益率从 2013 年的 28%提高到 74%，基本实现省规划保留村生活污水有效治理全覆盖。

2017 年起，浙江省全面开展分散式生活污水处理设施运维管理和提标改造工作。截至 2019 年 3 月底，全省涉及分散式生活污水处理设施运维管理的县（市、区），已接收运维行政村 20595 个，已接收和预接收处理设施 60540 个，由 94 家运维单位进行运行维护，出水水质逐年提升；2018 年，全省各级安排用于分散式生活污水处理设施运维管理的资金近 6.9 亿元。

7.2.2　浙江省流域水污染治理市场机制政策体系及其应用情况

1. 排污权有偿使用和交易及质押贷款政策推进情况

浙江省是我国最早开展排污权有偿使用和交易的区域，是自下而上开展排污权有偿使用和交易的。早在2002年，浙江省嘉兴市就在其所辖的秀洲区进行区内企业排污权有偿使用和交易制度试点，并在2007年颁布了地方性的指导法规《嘉兴市主要污染物排污权交易办法（试行）》和《嘉兴市主要污染物排污权交易办法实施细则（试行）》，成立了排污权储备交易中心，全面推进污染物排放交易制度的实施。2009年，在环境保护部和财政部支持下，浙江省全面开展排污权有偿使用和交易试点。

2006年以来，浙江省陆续出台了《浙江省人民政府关于进一步加强污染减排工作的通知》《浙江省人民政府关于开展排污权有偿使用和交易试点工作的指导意见》《浙江省人民政府办公厅关于印发浙江省排污权有偿使用和交易试点工作暂行办法的通知》《浙江省排污许可证管理暂行办法》《浙江省主要污染物初始排污权核定和分配技术规范（试行）》《浙江省排污权储备和出让管理暂行办法》《浙江省建设项目主要污染物总量准入审核办法（试行）》《排污权交易内部审查程序规定（试行）》《浙江省排污权抵押贷款暂行规定》《浙江省环境保护厅排污权交易报批程序规定（试行）》《浙江省排污权交易中心排污权有偿使用和交易程序规定（试行）》《浙江省初始排污权有偿使用费征收标准管理办法（试行）》《浙江省排污权有偿使用收入和排污权储备资金管理暂行办法》《浙江省排污权有偿使用和交易试点工作暂行办法实施细则》《浙江省排污许可证管理暂行办法实施细则》等多项政策和指导性文件，积极推进排污权有偿使用与交易工作。据统计，截至2014年底，浙江省省级层面已正式出台的排污权有偿使用和交易政策、技术文件达40余项，各试点市、县已出台排污权有偿使用和交易政策、技术文件达56个。

为了准确核定企业的污染物排放情况，浙江省于2007年底率先建成省级环境质量和重点污染源自动监测监控系统。整个系统有水质自动监测站82个，覆盖浙江省主要水体的所有县级以上断面。在341个国控重点污染源的基础上，建设和改造了1452家重点污染源在线监控系统。在重点污染源排污口和治理设施处分别安装了视频监控装置，防止企业故意不正常使用自动监测设备或者弄虚作假，确保系统稳定运行。目前，浙江省的在线监测覆盖率居全国前列，并在此基础上发展了刷卡排污政策，通过刷卡排污总量控制器，对主要污染物的排放量进行管理，严格按照核定的排污权对排污单位进行总量控制。

浙江省自2011年开始建设浙江省排污权交易管理平台，2012年开始试运行，并开展了政府储备排放指标的电子竞价拍卖。系统主要包括建设省级信息采集与发布平台、完成支撑化学需氧量、氨氮、二氧化硫和氮氧化物排污权有偿使用和交易全过程的管理平台建设。实现了数据交换平台与市级相关系统的数据交互，完善排污权交易数据中心，实现对省市县三级的数据管理、应用、统计、分析、查询。2012～2014年，浙江省多次对地市开展排污权交易中心的培训和验收，建立起了基于刷卡排污的排污权有偿使用的核定、监督、交易的全流程控制。2014 年以来，浙江省还积极开展排污权用于抵押贷款的探索，进一步推动了排污权指标作为稀缺环境资源的优化配置需求，力图构建政府、银行、企业的三方良性互动。

截至 2015 年底，浙江省 11 个设区市和所辖县（市、区）均已开展排污权有偿使用和交易试点，成立了以省排污权交易中心为核心的省-市-县三级排污权交易管理体系，全省共设排污权交易机构 28 个，其中省级 1 个、市级 10 个、县级 17 个。截至 2015 年底，全省累计开展排污权有偿使用 17862 笔，执收有偿使用费 37.88 亿元，排污权有偿使用企业范围实现全省环统重点调查企业全覆盖；排污权交易 6885 笔，交易额 12.77 亿元；另有 555 家排污单位通过排污权抵押获得银行贷款 145.07 亿元，试点工作总体走在全国前列。

2. 新安江皖浙跨省流域生态补偿机制

新安江总长 359 km，从安徽黄山休宁山间发源，其干流的三分之二在安徽境内，下游则是浙江重要的饮用水水源地千岛湖。由于千岛湖入湖水量中有近 70%来自安徽，上游水质对千岛湖水质起着决定性的作用。2001～2008 年的持续监测数据显示，2001～2007 年，新安江浙皖交界断面水质以较差的 IV 类水为主，2008 年变成更差的 V 类，个别月份总氮指标曾达到劣 V 类，水体总氮、总磷指标值呈明显上升趋势，千岛湖入境水质 2001～2007 年呈缓慢恶化之势，湖内水质营养状态正在由贫营养化进入中营养水平并向富营养化转变，这为千岛湖的生态状况敲响了警钟。

2011 年，财政部、环境保护部等在新安江流域启动全国首个跨省流域生态补偿机制试点，以 2012～2014 年作为三年试点期，在新安江流域上游和下游之间，建立起基于“利益共享、责任共担”的跨省流域生态补偿新模式，着重解决流域上下游水质保护与受益分离的问题。试点方案按照“明确责任、各负其责，地方为主、中央监管，监测为据、以补促治”原则，每年设置补偿基金 5 亿元，专项用于新安江上游产业结构调整和产业布局优化、流域综合治理、水环境保护和水污染治理等方面。5 亿元补偿基金中，中央财政安排补偿资金 3 亿元，皖浙两省各出资 1 亿元，年度水质达到考核标准，浙江拨付给安徽 1 亿元，否则相反。

2016 年，皖浙两省签订新一轮《关于新安江流域上下游横向生态补偿的协议》。与首轮试点相比，中央财政每年安排补偿资金 3 亿元不变，皖浙两省每年各安排补偿资金 2 亿元，各新增 1 亿元，年度补偿基金达到 7 亿元，推动实现环境同治、成本共担、效益共享。

自2012年试点开始以来，新安江流域每年的总体水质都为优，跨省界街口断面水质达到地表水环境质量标准Ⅱ类，连年达到补偿条件，黄山市顺利拿到了补偿金，这部分钱只能被用于新安江流域产业结构调整和产业布局优化、流域综合治理、水环境保护和水污染治理、生态保护等方面的投入。同时，千岛湖营养状态出现拐点，营养状态指数开始逐步下降，并与新安江上游水质改善趋势保持同步①。

7.2.3 浙江省流域水污染治理典型投融资模式

为推动流域水污染治理，浙江省建立“政府扶持、群众自筹、社会参与”的市场化投融资机制，切实加大资金投入。一是省财政设立专项资金。省级根据年度考核结果给予奖补，市级财政酌情给予补助，县财政将其纳入年度预算。各级财政按照“渠道不乱、用途不变、各负其责、各记其功、形成合力”的原则，加强项目资金整合，2014～2016年省财政共投入专项资金100多亿元。二是大力吸引社会资本。2014年，中国银行业监督管理委员会浙江监管局出台《关于深化“五水共治”金融服务的指导意见》，该意见明确指出，要深化金融创新，拓宽融资渠道，让更多社会资本参与其中。在政府和社会资本共同推动下，2014～2017年，全省共投入农村生活污水治理资金300多亿元②。

1. PPP政府与社会资本合作模式

2015年，《浙江省人民政府办公厅关于推广运用政府和社会资本合作模式的指导意见》发布，明确推广运用PPP模式的基本原则和主要任务等。PPP模式可以破除各种行政垄断，畅通社会资本投资渠道，同时通过政府补贴、政府购买服务等财政制度安排，形成社会资本稳定、合理的盈利预期，鼓励各类社会资本积极参与提供公共服务。在治水领域，浙江通过PPP模式将民资“活水”引入，公私联动，达成共赢。2015年，诸暨市水务集团代表诸暨市政府与北京碧水源科技股份有限公司达成PPP协议，合作建设浣东再生水厂。根据协议，北京碧水源科技股份有限公司和诸暨市政府按7∶3的比例出资成立项目公司，采用现代法人治理结构保证项目顺利建设投运。

---

① 新安江流域跨省生态补偿两轮试点背后——一江清水何以来？2017.

② 潘伟光，顾益康，赵兴泉，等. 2017. 美丽乡村建设的浙江经验. 浙江日报.

2. 发行“五水共治”地方债券

浙江省支持地方政府自主发债筹集“五水共治”建设资金，帮助符合条件的企业通过上市、发行债券和债务融资工具进行直接融资。2014 年 8 月，依托浙江股权交易中心平台，绍兴市上虞区交通投资有限公司作为债券发行人发行“五水共治”债券，完成募集资金 2 亿元。绍兴市上虞区交通投资有限公司该次债券募集的资金主要用于杭甬运河上虞段运河治理、道路建设等。该债券收益率在 8%～8.1%，产品期限为 2 年。这是全省首个用于“五水共治”项目的“五水债”。随后，全省各地相继发行“五水共治”项目的相关债券，吸引金融资本和民间资本参与到治水工作中去。2014 年 9 月，德清县推出定向融资产品“五水债”，依托浙江股权交易中心平台，由德清恒丰建设发展有限公司作为债券发行人发行“德清恒丰五水债”。“五水债”由浙江省德清县交通投资集团有限公司（县交通局 100%持股）提供担保责任，相较于同收益的信托产品或其他公司债券更安全，风险更低。自上线以来，已募集资金 1.6 亿余元，既能集中力量让政府办大事，又能让老百姓得到较好的投资回报。

3. 政策性银行贷款

浙江省积极引进政策性国际金融资本，注入治水项目。世界银行贷款浙江农村生活污水处理系统及饮水工程建设项目是龙泉市近年来争取到的规模最大的国外优惠贷款项目，也是丽水市“五水共治”治污水和保供水的一个重要项目。项目总投资约 4 亿元人民币，其中利用世界银行贷款 4000 万美元。该项目共涉及龙泉 19 个乡镇（街道）100 个行政村，受益人口超过 17 万，大大减少了生活污水对龙泉及丽水、温州等下游河段的水体污染。龙泉市经济相对薄弱，资金紧缺是当地治水的最大难题，世界银行贷款让当地治水项目得以顺利实施。

4. 社会捐助

2015 年，浙江省工商联在全省范围内发动“千企联千村、合力治污水”专项行动，组织动员 10265 家民营企业参与“五水共治”捐资和流域生活污水治理，当年全省各级工商联发动民营企业认捐治水资金达 25.3 亿元。绍兴市新昌县万丰奥特控股集团捐出 1000 万元，主要用于农村污水治理，新昌县其他 8 家企业和 1 个同乡会也积极为治水捐款。嘉兴市海盐县 145 家企业主动投身到“清三河”活动中，136 家企业认领河道，总长达 93503 m。企业不仅出资助力治水，还派出人力清理河道垃圾、淤泥，企业主担任河长，负责河道的长效维护[①]。金华市 2014 年即广泛动员各界捐资，一周捐款达 1.8 亿元，其中市本级“五水共治”社会捐赠资金 4000 多万元用于农村生活污水治理。

7.2.4 浙江省流域水污染治理长效运营保障机制

浙江省在推进流域水污染治理过程中，为了保障治理设施长效运行，探索实施了一系列保障机制。

居民付费+财政补助保障运营经费。金华市、义乌市城乡一体化建设较为成熟，已建立农村生活污水处理收费机制，将污水处理费纳入自来水费中一并收取，义乌市自来水费 3.15 元/m^3，其中污水处理费 0.8 元/m^3。专业公司运维服务费用从污水处理费列支，不足部分由财政兜底。

第三方运营保障设施专业运维。浙江全省各地普遍建立“县级政府为责任主体、乡镇政府为管理主体、村级组织为落实主体、农户为受益主体、第三方专业服务机构为服务主体”的“五位一体”设施运行维护管理体系，在确保设施专业化运维的同时，也明确了各级政府、村民组织及农户的责任和义务。

建立考核机制保障运维效果。杭州市建德市发布实施了《建德市农村生活污水处理设施运行维护管理工作考核办法》，实行市级考核乡镇、乡镇考核运维公司两级考核机制。将农村生活污水处理设施运维管理工作考核纳入年度乡镇考评、“五水共治”考核及生态文明建设目标责任制考核体系，并作为运维资金补助的重要依据。金华市发布实施了《金华市农村生活污水治理设施运行维护管理工作考核办法（试行）》，明确考核结果将作为安排年度市级农村生活污水治理设施运行维护奖补资金和“五水共治”考核评分的主要依据。

加强水质监测提升监管能力。湖州市环境保护局、市委市政府农业和农村工作领导小组办公室等多部门联合下发了《关于加强处理终端进出水水量水质监测确保农村生活污水治理设施正常运行的意见》，对进出水水质监测阶段要求、主要指标、结果运用、平台建设等进行明确。杭州市建德市在运维公司自检和主管部门抽检基础上，通过招标委托专业检测单位对全市 880 座终端设施定期开展进出水检测，其中 30 m^3 以上两月一次，10～30 m^3 每季度一次，10 m^3 以下半年一次，并在春节期间污水流量峰值时（负荷量最大），对所有终端水质进行全面检测，系统分析设施运行状况，并

① 江帆，李刚，赵方正. 2015. 创公私合营模式 引社会资本“活水”：浙江巧解治水资金难题. 浙江日报.

将结果作为支付运维费用的重要依据。

智能化监管平台提高监管效率。杭州市建德市、湖州市长兴县、金华市义乌市均建立了县（市、区）域农村生活污水终端处理设施智能化运维管理平台，按省级要求将 30 m^3/d 规模以上终端设施纳入智能监管范围，并与市级监管平台实现互联互通，同时开通了手机 APP 功能，在线实时监控水流量和设施运行状况，提高监管效率。

7.2.5　浙江省流域水污染治理市场机制分析

从流域水污染治理市场机制的适用性、经济性和有效性来看，浙江省开展流域水污染治理时间较早，治理成效显著。浙江省区域经济发展水平较高，市场经济发达，排污权有偿使用和交易、排污权质押贷款、跨省流域生态补偿等环境经济政策都取得了明显成效。在利用投融资机制开展资金筹措方面，政府投资更多起到引领带动作用，社会资本通过 PPP 模式，政策性银行贷款模式、地方债券模式以及社会捐资模式等进入流域水污染治理领域，减轻了地方政府的资金压力。其中不仅有政府的参与，也有企业和国内外金融机构的参与，社会各界还可以通过购买“五水共治”债券、社会捐资等形式参与进来，真正实现全民参与“五水共治”，形成治水合力。浙江省通过征收污水处理费+财政补贴保障污水治理运营费用，通过第三方运营保障设施专业运维管理，通过完善考核机制、加强水质监测、建立智能化监管平台等强化监管，确保污水处理设施正常运行，最终实现污水治理的长效稳定运营，总体上保障了流域水污染治理成效。

7.3　北京市流域水污染治理市场机制应用现状

7.3.1　北京市流域水污染治理现状

2012 年以来，北京市人民政府先后颁布了《关于进一步加强污水处理和再生水利用工作的意见》《北京市加快污水处理和再生水利用设施建设三年行动方案（2013—2015 年）》《北京市进一步加快推进污水治理和再生水利用工作三年行动方案（2016 年 7 月—2019 年 6 月）》，要求到 2019 年底，全市污水处理率达到 94%，中心城区和北京城市副中心的建成区基本实现污水全处理，其他新城污水处理率达到93%，重点区域以及城乡接合部地区、重要水源地村庄和民俗旅游村庄基本实现污水处理设施全覆盖。2013～2017年，北京市日处理能力万m^3以上的污水处理厂个数从43个增加到67个，北京市中心城污水处理率自96.5%提升至98.5%，郊区污水处理率自63%提升至80%，北京市未来一段时间内污水处理设施建设工作重点在乡村地区。

2013年，北京城市排水集团有限责任公司（以下简称北排）被确定为北京中心城区排水和再生水设施投融资、建设、运营主体，北京市水务局与北排签订特许经营服务协议。北排先后建成了高碑店污水处理厂、小红门污水处理厂、清河再生水厂等一批排水和再生水设施。除BOT模式特许经营外，北排污水处理设施融资模式还包括财政投资、商业贷款、外商投资等。

在农村地区，北京市通过“城带村”“镇带村”“联村”“单村”四种方式开展建设：发挥现有大中型污水处理和再生水厂的骨干作用，通过扩大管网覆盖范围，接纳处理其周边村庄产生的污水。增强城镇污水处理和再生水厂的处理能力，通过修建镇与村相连的污水管线，接纳处理其周边村庄产生的污水。对于地理位置临近的村庄，通过修建村与村相连的污水管线，实现污水适度集中处理。其他地区则根据人口规模大小采取建设污水处理站或再生水站、建设人工湿地、污水净化槽等方式处理污水，或建设污水临时储存池，定期进行收集、处理。截至2018年6月，全市3930个行政村庄，已有957个村庄通过“城带村”“镇带村”“联村”“单村”的方式解决了污水收集与处理问题，年处理污水量超过4000万m^3（孙迪，2019）。

7.3.2 北京市流域水污染治理市场机制政策体系及其应用情况

1. 流域水环境区域补偿政策实施情况

2015年，北京市开始实施《北京市水环境区域补偿办法（试行）》。该补偿办法对各区跨界断面水质达标情况和污水治理年度任务完成情况进行综合考核，按照“谁污染、谁治理”“谁污染、谁补偿”原则，运用经济手段强化水环境管理，落实各区政府水环境保护和治理的属地责任，让产生污染并治理不力的上游区对下游区给予经济补偿，上游区政府缴纳的断面考核补偿金全部分配给下游区政府，下游区政府获得的断面考核补偿金应用于本区水源地保护和水环境治理项目，以及污水处理设施及配套管网、相关监测设施的建设与运行维护等工作，推进污水处理设施建设任务按期完成。

北京市水务局、北京市环境保护局分别印发了《北京市污水治理年度任务补偿金核算细则（试行）》和《跨界断面补偿金核算细则》，明确了区县 83 个考核断面、年度污水处理和再生水利用目标任务，北京市水务局组织开展污水治理年度任务目标补偿金的核算与核查。

该补偿办法实施后，各区落实属地责任，全面排查排污口，严格监管污染源，减少了入河排污总量。通过缴纳补偿金、内部通报等多种措施，各区政府加快完善本区水污染防治体制机制，将治污压力向下传导到基层。朝阳、海淀、大兴、通州等区开始实施跨乡镇河道断面考核制度，将乡镇保护水质的责任落到实处，实现了责任的下移。

该补偿办法的实施助推了北京市流域水环境质量的总体改善。按考核标准要求，2015 年度北京市各区应缴纳水环境区域补偿金总额为 13.6 亿元。其中，共需缴纳跨界断面补偿金 9.7 亿元，污水治理年度任务补偿金 3.9 亿元。2019 年度全市各区应缴纳水环境区域补偿金总额为 4.4 亿元，其中，跨界断面补偿金为 1.3 亿元，污水治理年度任务补偿金为 3.1 亿元。跨界断面补偿金总额明显减少，年度任务补偿金则降幅较小，北京市流域水污染治理任务仍然较为艰巨。

2. 污水处理收费政策

2019 年，北京市印发《北京市进一步加快推进城乡水环境治理工作三年行动方案（2019 年 7 月—2022 年 6 月）》，方案提出，完善污水处理费征收使用管理。适时调整污水处理费收费标准，原则上应当覆盖污水处理和污泥处置成本并合理盈利。建立农村污水处理费收费标准，开展收费试点，逐步扩大收费范围。

7.3.3　北京市流域水污染治理典型投融资模式

1. 门头沟区“站网共建+PPP”模式

2017 年，门头沟区开始采用 PPP 模式推进污水处理设施建设，门头沟区农村污水处理设施 PPP 项目共建设污水处理站 130 座，总处理规模 15230 m^3/d，建设污水收集管网 303.53 km，全部位于农村地区，共涉及 91 个村庄、17 个景区及 9 个部队驻地。工程总投资约 2 亿元，项目运行模式为建设-经营-转让，即常见的 BOT 模式，回报机制为政府付费，合作期限 25 年。

社会资本方在门头沟区独资成立项目公司，项目公司作为责任主体通过 PPP 项目合同获得本项目的特许经营权，负责项目设施的设计、投资、建设、运营、维护和更新改造，并通过获得污水处理服务费及运营服务费，弥补建设投资、运营维护费用；合作期满，将项目设施完好、无偿移交给区水务局指定机构。

在合作期内，社会资本方对共168座污水处理站（含1座湿地）进行运营维护，总处理水量为31052.2 m^3/d，处理出水水质应符合北京市地方标准《水污染物综合排放标准》（DB11/307—2013）。按东部、西部、中部三个片区分别招标，中标单位分别为中国航天建设集团有限公司和北京金河水务建设集团有限公司联合体、中国通用机械工程有限公司和北京市门头沟水利工程有限公司联合体、北京首创股份有限公司和北京市新港永豪水务工程有限公司联合体。上述单位将对管辖范围内污水处理设施及污水收集管网同步进行运行维护工作，确保污水处理设施运行状况良好，污水全收集、全处理。

2. 海淀区临时污水处理设施租赁模式

2016年以来，为落实“水十条”，改善区域水环境现状，北京市采取控源截污、垃圾清理、清淤疏浚、水系连通、生态修复等措施，扎实推进黑臭水体治理工作。到2018年底，已完成建成区黑臭水体57条段治理工作，建成区黑臭水体消除比例为93.1%，完成非建成区84条段黑臭水体治理，公众满意度均在90%以上，河湖水环境得到明显改善。在黑臭水体治理过程中，临时污水处理设施发挥了重要作用。

北京市海淀区等区县临时污水处理设施的建设和运营采用租赁模式，由区县政府进行公开招标，社会资本方负责投资、建设及运营，政府付费。2018年，北京市海淀区通过招投标的方式，建设了20处（共计26套）临时污水处理设施，处理设施采用以膜生物反应器（membrane bioreactor，MBR）工艺为主的一体化设施进行应急处置，共计处理规模为19200 m^3/d，北京碧水源科技股份有限公司以7.5元/m^3的价格中标并签订租赁合同，合同约定了租赁期限、费用支付方式、租赁设备移交与维护、双方责任等。中标方作为本项目的承接实体，负责提供设备安装、调试及运维服务和污水处理设施相应的土建配套工程。项目建成后，海淀区政府通过租赁的方式支付社会投资人租赁服务费及运营服务费。中标方负责将设备租赁给海淀区水务局，同时负责运营。在运营期内，按设备租赁及运营服务合同的约定，由海淀区水务局向中标人支付设备租赁费及临时污水处理设施运营服务费[①]。在这种租赁模式下，政府同时向企业租赁

---

① 北京市海淀区临时污水处理设施运行维护费中标公告. 2018.

设备与服务，分别支付设备租赁费和运营服务费。在此之前，北京市通州区也采取了临时污水处理设施租赁模式。

当某一区域的阶段性问题得以解决之后，企业可以将设施拆除，以租赁或其他方式用于其他有需要的区域，提高设备使用效率。从政府的角度来说，临时租赁设备既满足了当前的治理需求，也降低了污水处理设施的建设成本，同时避免了设备停用后的闲置浪费，降低了政府的支付成本。

7.3.4　北京市流域水污染治理长效运营保障机制

1. 投资-建设-运营一体化机制

北京市农村污水处理主要以政府主导的 EPC+O 模式以及政府和社会资本方合作的 PPP 模式两种模式为主。在政府主导的 EPC+O 模式中，由政府或政府控制的国有企业统一负责基础设施项目的设计、投资、建设、运营和维护。这种模式能够最大限度地突出政府对农村污水处理成效的控制，保证政府在农村污水处理设施规划、建设和运行各个环节中根据需要进行调整的权力，有利于推动北京市农村污水处理快速、健康地发展。政府和社会资本方合作的 PPP 模式，北京市大多数农村污水治理 PPP 项目以设计-建设-运营-移交（DBOT）的方式进行运作，由政府授权的行业主管部门与项目公司签订“PPP 项目合同”，约定在 PPP 合作期内由项目公司负责本项目的设计、投资、融资、建设及运营维护。项目 PPP 合作期结束后将项目公司所有资产无偿移交给行业主管部门或其指定的相关部门。

2. 智能化监管机制

“十三五”时期，水专项“北运河上游分散生活污水治理技术模式与运营、监管机制研究示范”课题开发了在线远程智能监控管理系统业务化运行平台，实现农村生活污水治理设施的集中管理、全天候实时管理、线上线下联动管理，提高农村治污工作的精细化管理水平。平台囊括了北京市农村污水处理设施的基本情况，运行状态、设备动态等实时监测信息，以及汇总分析业务数据，该平台预留数据交互接口，供其他平台调取、使用和共享。平台的建设提高监管单位的农村治污工作的监管水平和监管效率，提升北京市农村污水的治理水平和运行效果。北京市纳入考核清单的污水处理设施 950 处，已实现 794 处站监测数据实时上传，覆盖全市 80%以上的农村污水处理设施，有力支撑设施监管。

3. “1+*N*+*X*”集约化专业运维机制

根据北京市地方行政职能划分的特点，农村污水处理设施的建设和运营集约化管理，适合以区为单位，实行“连片打捆”。通过区各级政府与第三方（企业）的协同推进，实现同一管理团队，在同一阶段，集中解决同一地区所有农村污水处理建设和运行维护的问题，实现人力资源、技术资源和物质资源的共享，实现“1+*N*+*X*”集约化管理。一个城镇污水处理厂作为中心维护的运维单位，连接 *N* 个乡镇污水处理厂，再连接 *X* 个村级污水处理厂站。

7.3.5 北京市流域水污染治理市场机制分析

从流域水污染治理市场机制的适用性、经济性和有效性来看，北京市作为首善之都，流域水污染治理工作开展较早。针对当前流域水污染治理的需求，在完善污水处理价格机制方面，《北京市进一步加快推进城乡水环境治理工作三年行动方案（2019 年 7 月—2022 年 6 月）》提出，要适时调整污水处理费收费标准，原则上应当覆盖污水处理和污泥处置成本并合理盈利。建立农村污水处理费收费标准，开展收费试点，逐步扩大收费范围。在利用环境经济政策推动流域断面水质改善方面，水环境区域补偿政策发挥了显著作用。除了引导各区加大流域治理力度，还推动了跨乡镇河道断面考核制度的实施，将乡镇保护水质的责任落到实处。在农村生活污水治理方面，借鉴早期治理过程中的经验和教训，北京市门头沟区站网共建的模式从根本上保证了污水全收集、全处理。农村生活污水处理设施及管网建设投资巨大，PPP 模式的应用可以有效缓解地方政府短期财政压力并保证设施及管网的专业运维管理，总体上提高治理效率，降低投资成本。黑臭水体临时污水处理设施及服务租赁模式采用一体化处理设施，可根据区域治理需要快速投入使用，迅速改善河湖水质；出租方同时进行设施和运营服务租赁，保证设施的专业运维和达标运行；设备和服务租赁费用采用分期支付的方式，减轻了政府的财政压力；租赁期满后，设备由出租方自行转移并再度利用，提高了设备利用效率，减少资源浪费；政府可根据实际治理需求决定租赁期限的长短，时间上具有灵活性，可以兼顾污水治理设施建设运营的有序推进和水质改善目标的稳定实现。在长效稳定运营方面，EPC+O 模式和 PPP 模式都同时实现了流域水污染治理的投资-建设-运营一体化，“互联网+”智慧监管系统提高了运营和监管效率，连片打捆的“1+*N*+*X*”集约化管理模式，实现了人力资源、技术资源和物质资源的共享。

7.4　福建省流域水污染治理市场机制应用现状

7.4.1　福建省流域水污染治理现状

福建省早在 2013 年就确定了流域污水处理设施建设“城乡统筹、就近接管、相邻联建、集中与分散相结合”的基本原则，合理布局乡镇生活污水处理设施。福建省组织编制《农村生活污水处理技术指南》，指导各地因地制宜推进分散式生活污水治理。①有条件的城镇周边村庄生活污水应通过管网纳入城镇污水处理厂统一处理（占比约 28%）；②人口集中和生态敏感地区的村庄采用化粪池+无动力或微动力集中式处理，如三格化粪池+田间施肥、三格化粪池+自然生物塘、厌氧生物膜池+自然生物塘、人工湿地等（占比约 35%）；③人口较少的村庄和分散的农户可采用自建标准三格（四格）化粪池就地分散处理方式，尾水排入山体、林地、农田消纳吸收利用（占比约 37%）。

2010 年以来，福建省政府共筹措资金 20 多亿元（其中中央资金 11.3 亿元），推动流域水污染治理等工作。截至 2018 年底已累计下达省级专项补助资金 15.3 亿元，主要包括乡镇污水处理设施建设补助资金 10 亿元（2014 年起，每年 2 亿元）、乡镇污水处理设施运行补助资金 0.2 亿元、村庄三格化粪池新建改造补助资金 5.1 亿元（2017 年 3 亿元、2018 年 2.1 亿元），要求各市县按照不低于省级补助标准配套。福建省共建成集中式污水处理设施 1598 套，分散式污水处理设施 14394 套，污水处理能力约 22.2 万 m^3/d，配套铺设污水管网约 1876 km。截至 2019 年底，全省农村生活污水治理率达 66.5%。

7.4.2　福建省流域生态补偿政策实施情况

2003 年起，福建率先在九龙江开展上下游生态补偿工作，之后试点范围逐步扩大至闽江、敖江等流域。福建省财政厅、环境保护局相继发布了《九龙江流域综合整治专项资金管理办法》《闽江流域水环境保护专项资金管理办法》《福建省闽江、九龙江流域水环境保护专项资金管理办法》《福建省重点流域水环境综合整治专项资金管理办法》等相关规定，在加大省级财政对上游欠发达县市转移支付及补助力度的同时，引导福州、泉州、厦门等下游受益地区向上游保护区提供经济补偿，以改善流域水源涵养功能，加强污染防治，特别是工业污染和生活污染治理。

2015 年，福建省出台《福建省重点流域生态补偿办法》，整合闽江、九龙江、敖江流域生态补偿资金设立重点流域生态补偿资金，省级建立覆盖三江流域 43 个市（县、区）生态补偿长效机制，2017 年，修订后的《福建省重点流域生态补偿办法》实施范围扩大到 45 个市（县、区）。福建省采取省里支持一块、市县集中一块的方式筹集资金，重点流域范围内的市、县根据经济发展水平，每年按照上一年度地方财政收入一定比例和用水量的一定标准筹集。在筹集标准的设置上，下游地区明显高于上游地区，体现受益者付费。重点流域生态补偿资金按照水环境质量（权重 70%）、森林生态（权重 20%）和用水总量控制（权重 10%）三类因素分配至市、县，由各市、县政府统筹用于流域污染治理和生态保护。

2016 年，福建省实施《福建省小流域及农村水环境整治计划（2016—2020 年）》，将小流域作为主要整治对象，设立省级小流域"以奖促治"专项资金，省级财政 2017～2021 年每年预算安排 3 亿～5 亿元，对水质类别有提升的小流域予以奖补。

2016 年，福建广东两省签署了汀江—韩江流域上下游横向生态补偿协议，汀江—韩江成为全国第二个跨省生态补偿机制试点流域。闽粤两省共同出资设立汀江—韩江流域水环境补偿资金，两省每年各出资 1 亿元，中央给予上游省份资金奖励，根据水质目标达成情况拨付资金。2018 年福建省印发《福建省综合性生态保护补偿试行方案》，以县为单位开展综合性生态补偿试点。此外，泉州晋江、洛阳江，莆田木兰溪饮用水水源和厦门汀溪水库等地方已自主建立了市辖区流域生态补偿制度。

2015～2020 年，福建省累计下达省级重点流域生态补偿资金 72 亿元，累计安排小流域"以奖促治"专项资金 19.1 亿元，累计下达省级以上汀江—韩江跨省流域生态补偿资金 15.38 亿元。从 2019 年开始，福建省将重点流域水质提升与资金奖惩紧密挂钩，每两个月向各地通报重点流域生态保护补偿奖惩预警情况，引导各地注重过程管理，充分发挥奖补资金杠杆作用。2019 年小流域Ⅰ～Ⅲ类水质比例为 92.8%，汀江、中山河、象洞溪和九峰溪跨省界断面水质稳定保持在Ⅲ类及以上。流域生态补偿机制的全面实施显著推动了福建省流域水环境的总体改善。

7.4.3 福建省流域水污染治理典型投融资模式

1. 厦门市集美区政府购买服务模式

集美区自 2014 年起，集中 3 年完成了全区 208 个村庄的生活污水的收集和处理，新建 208 个村庄污水收集系统及 56 个分散式农村污水处理设施。整体分为集中纳管治理和分散处理两种处理方式，其中，集中纳管治理的村庄 139 个，分散式治理的村庄有 69 个，新增农村污水收集管网约 1100 km，延伸市政管网 14 km，日污水处理能力新增 8.3 万 m^3，分散式的农村污水处理设施排放标准由“一级 B”提升为“一级 A”，实现了农村污水处理的全覆盖。

集美区创新农村污水处理设施建设新模式，区政府基于 PPP 理论结合农村污水治理的相关特点，统一建设和运营责任主体，充分利用了社会资本，创新性地将农村污水处理设施的建设和运营维护作为一种服务进行采购，即“政府购买服务”模式。区政府在保障出水水质标准的前提之下，设置合理的投资控制、用地指标，提出了“设计+施工+3 年运营管理”一体化采购建设的模式，有效统一了设计、施工、运营单位的责任。该模式一并解决了工艺选择，运行管理、达标排放、一次性投入大量资金等问题，分散式农村污水处理设施的吨水处理价格为 4500 元，节约了政府财政投入。

在运维资金保障方面，集美区通过市级财政“以奖代补”、差异化补助、收取污水处理费、采用农用电价格等方式降低募集运维资金、降低运维成本。厦门市以“以奖代补”的方式从市财政按照户籍人口 2000 元/人补助给集美区财政，占到总造价的 28%～30%。实行差异化考核补助，验收合格并通过省市区考核的，厦门市财政按照总造价的 80%的比例补助各个辖属的镇和街道。未通过考核的按总造价的 70%补助镇及街道，且镇和街道需自行整改直至通过各级考核。集美区水务局根据与水源地的距离不同，对区内居民收取不同的水费。区农村污水处理设施及管网覆盖区域的农户水费价格为 2.5 元/m^3，其中 1 元为污水处理费用。集美区农村污水处理设施运行电费实行厦门市农业灌溉用电的收费标准，为 0.6～0.7 元/（kW·h）。

在运营效果保障方面，集美区实行了标准化建设以便于建设和运营管理维护。通过企业先行垫资建设，运营达标后，区政府按照为期 3 年，分为 4 期支付，将污水处理设施运行情况和出水指标作为考核评估与合同款拨付的依据，通过分期付款的方式减轻政府财政压力的同时，保障了治理效果。

在专业运维及效率提升方面，集美区实行统一运营管理，投入技术力量和经费推行“互联网+污水运营”的信息化新型管理模式。区政府委托区属国有集美城市发展有限公司对农村污水管网设施进行统一运行管理，并由区财政承担相关费用，逐步建立分散式农村污水处理设施网络实时监测系统。设施管理维修人员均可下载安装与检测系统匹配的手机 APP，可实现实时监控、精准定位、处理故障快速解决。

2. 漳州市芗城区区域一体化 PPP 模式

漳州市芗城区城中村与农村生活污水收集与处理 PPP 项目对芗城区浦南镇、天宝镇、石亭镇、南坑街道的 67 个村及城中村实施污水收集及处理设施建设，项目总服务人口共计约 15 万人，建设污水管网总长度为 782.31 km，建设分散式污水处理站 59 座，分布式太阳能发电站（185kW）35 座，新建环境物联网系统中控中心一座。PPP 项目计划总投资约 39573.3 万元，其中建设工程费用约 34994.0 万元，工程建设其他费用约 2694.85 万元；项目建设期限为 2 年，运营维护期 10 年。资金按 PPP 模式筹集解决。芗城区政府授权芗城区住房城乡建设局作为组织实施机构，漳州投资集团控股子公司漳州鑫信房地产开发有限公司作为政府出资方代表，同社会资本方共同组建 PPP 项目公司，进行投融资、建设和运营，具体运作方式为 BOT 模式。2019 年已经完成了 28 个行政村的治理任务，建设完成 23 个集中处理设施，管网收集率达到 85%。

芗城区处于九龙江流域小平原区，地势低平，适合管网建设，生活污水收集后全部进入处理站，无须分散处理。因为实现了全区推进的 PPP 模式，设施建设可以更好地结合实际，在前期设计时充分考虑区域整体最优的管网规划与设施选址，根据需要铺设管网和建设污水处理设施。例如，天宝镇过塘村大部分污水进入本村处理站，另因地势原因还接入了隔壁大寨村的部分污水，减少了另一个区域单独建设处理设施或建设更长管网和提升泵的必要，有效降低了治理成本。

3. 漳州市漳浦县 EPC 总承包模式

漳浦县自 2012 年开始在官浔、长桥、盘陀三镇开展流域水污染治理设施建设，其中盘陀镇项目采用 EPC 总承包（即项目的设计、采购、施工由一家具备国家规定相关资质的单位总承包）模式，总承包商从一开始就对项目进行优化设计，缩短了项目建设周期，避免各方责任不明，提高投资效益。

盘陀镇环境综合整治项目采用 EPC 总承包，项目总投资 1584 万元，中央、省市、县各配套 691 万元、734 万元、159 万元，直接受益人口 2.6 万人。建设日处理 1500 m^3 集中式污水站 1 座，建设日处理 100 m^3 污水站 2 座，日处理 50 m^3 生活污水的太阳能生态塘处理系统 1 座，日处理 30 m^3 污水站 1 座，建设提升泵站 7 座，建设配套管网、沟渠工程等合计 16 km。由于采用了 EPC 模式，盘陀镇在项目设计时进行了优化整合，没有按照每个村庄投资 200 万元来建设，而是根据实际情况在区域内的 6 个村子建了 5 个设施，以较低成本实现了污水治理设施覆盖。但 EPC 模式不涉及后期运维管理，盘陀镇在运维资金保障、专业运维管理等方面都面临一定困难。

4. 漳州市云霄县专项资金模式

漳州市峰头水库饮用水水源地云霄县马铺乡流域水污染治理设施资金来源主要是各级政府的专项资金投入。2015 年度项目总投资约 1250 万元，其中中央财政补助资金及省级配套资金 1100 万元，云霄县配套资金 150 万元，一期实施村庄共 13 个行政村。2016 年度项目总投资约 785 万元，其中中央财政补助资金及省级配套资金 700 万元，云霄县配套资金 85 万元，二期建污水处理站 6 个站点。共计建设污水处理站 21 座，总污水处理量 1410 m^3/d。铺设管道 2.9 km，修建沟渠 2.5 km，泵站 4 座。

马铺乡共有 28 个行政村，污水治理设施采用多点进水生物处理工艺，已建设施都配备了太阳能供电系统，且直接并网，降低了运维费用。设施建设方负责项目完工后两年内运行管理，其后运维经费暂由全乡财政统一付费。2018 年，北京桑德环境工程有限公司中标“云霄县及常山华侨经济开发区农村生活污水处理设施及配套管网 PPP 项目”，项目建成后与马铺乡已建的 19 个污水站一起参与运营，运营期 28 年，由云霄县财政局负责统筹预算安排，用于运行维护管理、奖补治理成效突出水质优良的乡镇，保障运行维护投入并监督资金使用情况。

7.4.4　福建省流域水污染治理长效运营保障机制

福建省推动建立农村污水处理设施长效运营机制，指导全省 30 多个县（市、区）制定出台农村环境基础设施长效管理办法，初步摸索出符合农村实际的多种长效运营保障模式。

第三方运营模式。为有效解决农村生活污水处理设施“有人建、没人管”等问题，安溪县从 2013 年起,在福建省率先推行将农村小型污水处理设施打包委托给第三方专业机构进行运维管理。同时，为保证第三方运营管理质量，安溪县积极引入竞争机制，将小型污水处理设施分包面向全社会公开招标，并在招标文件中明确规定参与投标的单位必须具备较高的运营资质、专业人员、维护设备及办公场所等条件，并对日常运行管理提出了具体要求。农村生活污水处理设施委托第三方运维管理以来，由于有专业的管理机构、专职技术人员、专用巡查车辆，设备故障维修更为及时，管理更为规范到位，运行效率得到了有效提升。经监测部门抽样监测，排放水质稳定达标[①]。

“三个一点”模式。泰宁县试点制定《村级生活污水处理设施运行维护管理暂行办法》，通过“三个一点”（从财政年度预算统筹一点、从征收排污费适当考虑一点、从生态补偿资金中安排一点）落实运行经费，这种模式已在三明等地推开，做法得到环境保护部门认可并在全国范围内推广。

---

① 生态环境部宣传推广“安溪农村污水治理之路”先进典型. 2021.

景区补助模式。武夷山是世界文化与自然双重遗产，国家 5A 级旅游景区，国家级自然保护区，景区在发展过程中获得中央和地方财政补助资金，部分资金可用于补助流域水污染治理工作。武夷山市充分利用景区优势，在市级财政预算和乡镇自筹的基础上，从景区补助经费中考虑一部分，共同用于保障农村环境基础设施长效运行[①]。

流域生态补偿资金补贴模式。安溪县是晋江上游，每年可获得上下游流域生态补偿资金 3000 万，可用于生活污水治理、流域整治等工作。目前安溪县分散式生活污水设备运维由政府委托第三方运营服务，运维资金从该补偿款支出。武夷山市是闽江源头区域，每年可获得流域生态补偿资金近 3000 万，该资金可用于生活污水治理、小流域整治等工作内容。武夷山市统筹使用该笔资金，其中部分分散式生活污水处理设施的运维费用由补偿款中支出。

7.4.5 福建省流域水污染治理市场机制分析

从流域水污染治理市场机制的适用性、经济性和有效性来看，福建省探索实施了省内重点流域的纵向补偿、横向补偿，针对小流域的专项资金纵向补偿，针对跨省流域的跨界水质补偿等多种类型的流域生态补偿机制，均取得了较好成效，可供其他地区根据治理需求借鉴采取相应的流域生态补偿政策机制。厦门市集美区“政府购买服务”模式采用“设计+施工+3 年运营管理”一体化采购建设的模式，有效统一了设计、施工、运营单位的责任。在以政府财政支出为主的情况下，地方政府以分期付款的形式，一次性解决了工艺选择、运行管理、达标排放、一次性投入大量资金等问题。与 PPP 模式不同，这一方式更多着眼于当下问题的解决，在政府财政许可的前提下，迅速有效地实现对农村分散式污水处理设施的全覆盖和有效运行。完成设施全面覆盖后，政府可以通过第三方运营等方式，实现污水处理设施的长效运行。这种方式也是政府与社会资本合作的表现形式，适用于经济条件许可，但前期工作基础薄弱，当地政府有意愿迅速推动流域污水治理的区域。漳州市区域一体化 PPP 模式、EPC 总承包模式及专项资金模式等不同类型的投融资模式，分别适用于不同地理条件，不同经济发展条件下的水污染治理工作的开展：在经济较为发达地区，有条件的可采用区域一体化 PPP 模式，一次性解决较长期限的污水治理问题；在不具备采用 PPP 模式的地区，可以通过 EPC 总承包模式合理规划设计、设备采购及施工建设，总体上保证工程质量并降低投资成

① 福建省建立农村环境综合整治长效机制.

本；在经济欠发达的水源保护区域，则可以通过政府专项资金投入的模式，针对性地解决水源地治理的问题。福建省各地根据当地实际情况探索应用的污水处理设施长效运营机制也为其他省市因地制宜、合理构建污水治理长效运营机制提供了借鉴和参考。

7.5　重庆市流域水污染治理市场机制应用现状

7.5.1　重庆市流域水污染治理现状

重庆集大城市、大农村、大库区、大山区于一体，是全国统筹城乡环保试点区。2010 年，重庆列入全国首批农村环境连片整治示范省市，落实中央资金 6.5 亿元，完成了 624 个村的农村环境连片整治项目。2013 年，重庆市争取中央资金 11.4 亿元，实施了 2100 个村的农村环境连片整治项目，建成集中式污水处理设施 580 座，新增污水处理能力 1460 万 m^3/a，全市农村生活污水处理率达到 55.6%，700 余万人直接受益。

2015 年，重庆市成立重庆环投公司，公司以特许经营、政府购买服务等市场化模式，统一负责全市所有乡镇（含场镇）以及农村集中式污水处理设施的投资、建设和运行管理，解决目前建设资金短缺、处理技术良莠不齐、运维成本高、专业化运维水平低等问题，确保村镇集中式污水处理设施正常运行。

目前重庆市已累计建成乡镇及农村生活污水集中处理设施 2417 余座，设计处理规模 118.5 万 m^3/d，基本解决乡镇和常住人口 1000 人以上的农村聚居点的生活污水处理设施建设问题。其中，建成乡镇污水处理设施 807 座，设计处理规模 94.28 万 m^3/d，建制乡镇覆盖率达 99%；重庆市村级生活污水集中处理规模≥10 m^3/d 的设施为 1610 个，服务人口约 379 万人，设计处理规模 24.22 万 m^3/d。目前乡镇污水处理设施主要由重庆环投公司、重庆市水务资产经营有限公司和区县政府负责运维，分别占比 80.8%、3.35%、15.85%。农村生活污水集中处理设施主要由重庆环投公司、重庆市水务资产经营有限公司和区县政府负责运维。

7.5.2　重庆市流域横向生态保护补偿政策实施情况

2018 年初，重庆市出台《重庆市建立流域横向生态保护补偿机制实施方案（试行）》。该方案提出，针对全市行政区域内流域面积 500 km^2 以上且流经 2 个区县及以上的 19 条长江次级河流，鼓励流域上下游区县政府之间签订协议，建立生态保护补偿机制。到 2018 年底，琼江、璧南河、小安溪、龙河、大宁河、梁滩河等 19 条次级河流流域相关区县，已按该方案全部完成补偿协议签订工作。

重庆市流域横向生态保护补偿机制的核心是落实区县水环境防治责任，让受益者付费、保护者获益，其基本的制度设计是：河流上下游区县签订协议，以交界断面水质为依据双向补偿，水质变差，上游补偿下游；水质变好，下游补偿上游。补偿标准每月 100 万元。对直接流入长江、嘉陵江、乌江和市外，以及市外流入重庆的河流，由市级代行补偿或受偿主体责任。补偿金月核算、月通报、年清缴，用于流域污染治理、环保能力建设等。

以永川区为例，永川区与璧山区、江津区、铜梁区、双桥经开区分别签订了《璧南河流域横向生态保护补偿协议》《临江河流域横向生态保护补偿协议》《小安溪流域横向生态保护补偿协议》。通过实施截污控污、生态修复等工程，九龙河和临江河水环境质量持续改善。2018～2019 年，永川区共获得生态补偿金 1099 万元。其中，2018 年 10 月～2019 年 12 月，永川区共获得璧山区生态补偿金 221 万元；2019 年 1～12 月，永川区共获得江津区生态补偿金 878 万元（陈维灯，2021）。

7.5.3 重庆市流域水污染治理典型投融资模式

1. 环投公司模式

2015 年，重庆市政府整合农村环境连片整治、三峡库区移民后续建设等资金成立重庆环投公司，重庆市印发《重庆市乡镇污水处理设施建设运营实施方案》，明确由重庆环投公司负责全市 1584 座乡镇污水处理设施“投、建、管、运”一体化运营，区县人民政府授予重庆环投公司长期特许经营权，并签订特许经营合同，区县人民政府以购买服务方式支付污水处理服务费，重庆环投公司对特许经营范围内的乡镇污水处理设施排水水质负责，保证排水水质达到既定的污水排放标准，并承担排水水质超标的相关责任。重庆环投公司作为重庆市政府在环保领域的投融资平台，主要任务是在整合国家、市级各项补助资金基础上，撬动社会资本进入环保领域，减轻政府环境污染治理资金投入压力，解决乡镇污水处理设施的投入问题（重庆市环境保护局计划财务处，2017）。

针对乡镇污水处理项目情况复杂的特点，重庆环投公司在实际操作中采用多种投融资模式并存的复合模式。新建项目采用“设计-建设-拥有-经营”模式，已建项目（包括改建和扩建项目）采用“移交-拥有-经营”模式，在建项目按照项目实施进展，分别采用“建设-移交-拥有-经营”模式、“设计-建设-拥有-经营”模式或“建设-拥有-经营”模式。

重庆环投公司资金主要来源包括自有资金、中央和市级财政专项补助资金以及银行贷款。其中，中央和市级财政专项补助资金主要包括农村环境连片整治资金、三峡后续规划资金及其他补助资金。中央和市级财政用于乡镇污水处理设施建设的专项补助资金，视为重庆环投公司资本金，其形成的固定资产归重庆环投公司所有，但不得考虑投资回报。中央和市级财政安排用于乡镇污水处理设施的运营维护专项补助资金，由市财政直接拨付重庆环投公司；按照市委、市政府有关文件精神，市财政差异化补贴给区、县（自治县）用于乡镇污水处理设施的运营、维护。属于公司自有资金和银行贷款投入乡镇污水处理设施建设部分考虑投资回报率，公司在污水处理服务费中通过管理创新、技术改造、规模化运营等实现经营收益。在特许经营期内，市级征收税收实行 100%即征即返，乡镇污水处理设施享受增值税 70%即征即返和西部大开发 15%的所得税优惠税率。

到 2019 年底，重庆环投公司累计接手已建成设施 922 座，累计共承担了全市 1201 座乡镇及以下农村生活污水处理设施的建设和运行（其中建制乡镇设施 682 座，占全市总量的 83%），922 座设施基本实现了正常运行。其中，COD、pH、悬浮物、氨氮全部达标的设施有 721 座，达标排放率由 2016 年的 25%提高到 81%。

2. 农村污水处理设施及服务租赁模式

基于重庆市农村生活污水排放规律、污水处理设施运行管理需求，重庆市探索农村生活污水处理租赁模式，有效提升了农村生活污染处理绩效。农村生活污水处理租赁模式是由业主委托第三方对集中污水进行达标处理并支付相关处理费用的模式，其中污水处理设施建设由第三方建设并运行，业主仅支付废水处理费用，该模式双方权责具体如下：业主的权责。业主建设污水收集设施，通过管网等设施集中到污水处理场站；根据污水收集及排放去向，提供污水集中处理设施建设场地；按照约定对第三方处理效果进行核查；按照约定根据污水处理量及单方运行费用核算并按期支付运行费用。第三方运行机构的权责。按照约定在业主指定的地点建设污水处理设施；负责约定规模以下水量的污水处理设施建设及运行的成本，对业主收集的生活污水进行处理并达到约定的处理效果；设施运行达到约定期限后，污水处理设备归第三方所有并移除。

从表 7-1 的对比分析可以看出，一个日处理能力 50 m^3 的污水处理设施，无论采用传统工艺建设污水处理设施还是购买一体化设备由业主自行管理，其全生命周期污水处理费用都在 6 元/m^3 以上，如果采用租赁方式，业主单方污水处理费用为 4 元，如果采用租赁模式在污水处理设施的全寿命期将给业主节约超过 170 万元费用支出。

表 7-1　传统处理工艺与一体化污水处理设施建设运行费用对比分析表（日处理 50 m^3）

序号	项目名称		传统处理工艺		购买一体化设施		租赁一体化设施	
			金额/元	备注	金额/元	备注	金额/元	备注
1	土地费用	征地费	6060	占地 100 m^2	2727	占地 45 m^2	2727	占地 45 m^2
2	土建投资	预处理池	37500	25m^3×1500 元/m^3	37500	25m^3×1500 元/m^3	37500	25m^3×1500 元/m^3
		曝气池	30000	20m^3×1500 元/m^3				
		沉淀池	15000	10m^3×1500 元/m^3				
		消毒池	3000	2m^3×1500 元/m^3				
		管理用房	20000	20m^3×1000 元/m^3				
3	设备投资	双风机	125000	1.5kW，22h/d	280000	0.36kW，22h/d		由服务方承担
		双提升泵		0.75kW，22h/d		0.55kW，22h/d		
		加药设备		0.5kW，22h/d		0.3kW，22h/d		
		其他设备		0.25kW，22h/d		0.2kW，22h/d		
	项目初始投资合计		236560		320227		40227	
4	资金利息		150465	5.39%等额本息	203683	5.39%等额本息	25588	5.39%等额本息
5	大修费	3 年 1 大修	140000	风机 3 年换 1 台，提升泵 1.5 年换 1 台，加药设备 6 年换 1 台	160000	风机 3 年换 1 台，提升泵 1.5 年换 1 台，紫外线灯管 1.5 年换 1 次		由服务方承担
6	二次投资	常规砼结构污水处理设施，10 年就要进行池体改造或新建	298679	改造费用及资金利息	411412	污水净化器可用 10 年，到使用年限需重新购置，购置费用及资金利息		由服务方承担

续表

序号	项目名称		传统处理工艺		购买一体化设施		租赁一体化设施	
			金额/元	备注	金额/元	备注	金额/元	备注
7	日常费用	人工费	366000	1人兼职管理	366000	1人兼职管理		由服务方承担
		电费	389664	电费按0.82元/(kW·h)计算	183142	电费按0.82元/(kW·h)计算		
		药剂费	50400	50g $NaClO/m^3$，2.8元/kg				
		耗材	60000	含润滑剂、防腐剂、皮带等250元/月	60000	含润滑剂、防腐剂、皮带等250元/月		
		运行费用	480000	含水质化验检测、机器维修、管理费用及不可预见费用等	480000	含水质化验检测、机器维修、管理费用及不可预见费用等		
8	年租赁费用		0		0		68400	按3.8元/m^3
20年项目投资及运营费用合计			2171768		2184464		1433815	
处理单方污水分摊费用			6		6		4	

注：本对比分析以日处理50m^3污水处理设施为计算基础；本对比分析以污水处理设施满负荷运行为计算基础；本对比分析中人工工资按2000元/月、保险按1050元/月考虑，实际可能更高。

资料来源：日处理量50立方米污水处理设施投资详细对比.

重庆市渝北区复兴镇小湾社区污水处理站位于重庆市渝北区，服务于小湾社区的生活污水，污水处理站规模300 m^3/d，处理工艺为逆向曝气一体化设备，租用两套日处理能力为150 m^3的设备并联运行，处理后达到《城镇污水处理厂污染物排放标准》（GB 18918—2002）一级B标准。业主提供污水处理站场地100 m^2，负责厂界220V电源接入；业主在污水站建设方面投入为零。租赁期限为3年，吨水处理费用为2.5元，分季支付污水处理设备租赁费和运营托管费用，年支付费用21.9万元。

7.5.4　重庆市流域水污染治理市场机制分析

从流域水污染治理市场机制的适用性、经济性和有效性来看，重庆市基于当地大城市、大农村、大库区、大山区的特点，在市场机制的选择上也充分考虑当地的特点及需求。在环境经济政策推动方面，重庆市建立了流域横向生态补偿机制，利用经济手段鼓励地方政府落实水污染治理责任。在投融资机制构建方面，重庆市基于本地区特点，形成了两种各具特色的生活污水治理模式。一种是环投公司模式，主要针对乡镇集中式污水处理；另一种是设施及服务租赁模式，主要针对村庄或小型社区污水治理。环投公司模式在流域水污染治理方面可发挥重要作用：环投公司接纳政府资金，整合不同来源的专项资金用于污水治理，可以提高专项资金的使用效率；作为政府财政和社会资本的联系纽带，这一模式在市场上起到了项目示范和引导社会资本投入的作用；环投公司拥有地方政府背景，既可以按照政府的规划进行发展建设，又可以采取银行借贷、企业债券、基金投资等方式进行资金整合，平衡污水处理的社会效益与经济效益；公司化的运营模式有利于保证污水处理资源的合理配置，运用市场化竞争机制实现降低污水处理成本、提高污水处理效率的目的。污水处理设施及服务租赁模式的优点在于：一是污水处理设施由第三方负责安装和运行管理，避免了农村污水处理运行管理难的弊端；二是业主采用租赁（支付约定的吨水运行费用）的形式对污水处理设备拥有使用权，而产权仍然归属第三方，减少了固定设施建设成本的投入，节约了使用成本；三是采用以效付费的形式对第三方进行监督管理，保证了处理效果。四是当市政设施完善或人口转移不再需要对生活污水进行治理时，设施由第三方拆除并回收，避免设施浪费且节约了拆除成本。污水处理设施及服务租赁模式需要业主单位自主完成污水收集系统的建设，适用于有阶段性治理需求，如已建有污水收集系统但尚未纳入市政污水处理系统的新建社区等。

7.6 辽河流域水污染治理市场机制构建应用案例分析

7.6.1 四平市流域水污染治理背景及需求分析

1. 四平市流域水污染治理背景分析

四平市为吉林省地级市，地处松辽平原中部腹地，辽、吉、蒙三省区交界处。四平市全域面积 1.03 万 km^2，市区面积 1100 km^2，辖梨树、双辽、伊通三个县（市），铁东、铁西两个区，1 个国家级经济技术开发区，6 个省级经济开发区。四平市河流分属辽河和松花江两大水系，辽河水系在四平市流域面积为 11047 km^2，占全市流域面积的 78.9%，主要河流有东西辽河、招苏台河、条子河、新凯河等，其中，东辽河是四平市境内最大的河流。

根据四平市第七次全国人口普查结果，四平市全市总人口为 1814733 人，其中，城镇人口为 935799 人，占全市人口的比重为 51.57%；居住在乡村的人口为 878934 人，占全市人口的比重为 48.43%。与 2010 年第六次全国人口普查相比，全市人口减少 477487 人，10 年间减少 20.83%，在总人口持续减少的同时，城镇人口比重上升了 4.92 个百分点。

2020 年，四平市全年全市实现地区生产总值 526.6 亿元，按可比价格计算，比上年增长 3.3%。其中，第一产业实现增加值 182.7 亿元，增长 4.0%；第二产业实现增加值 102.6 亿元，增长 5.2%；第三产业实现增加值 241.3 亿元，增长 1.9%。全年全市一般公共预算全口径财政收入 74.5 亿元，比上年下降 6%。其中，一般公共预算地方级财政收入 33.8 亿元，比上年下降 8.7%。市区一般公共预算全口径财政收入 53.1 亿元，比上年下降 6.4%，市区一般公共预算地方级财政收入 21.1 亿元，比上年下降 12%。全市一般公共预算财政支出 257.3 亿元，比上年增长 7.3%。全地区城镇常住居民人均可支配收入 29288 元，比上年增长 3.5%；全地区农村常住居民人均可支配收入 15890 元，比上年增长 7.3%。四平市信用监测排名由 2020 年初的 105 位跃升至 18 位，在全国 261 个地级城市中跃升幅度位列第一。市场主体数量提升，全年新增 1.4 万户，总数突破 20 万户。

2020 年，吉林省在全国 31 个省级行政区 GDP 排名中位于第 26 位，人均 GDP 排名第 28 位，区域经济发展处于落后水平，市场化程度和经济活力不足。2020 年，四平市 GDP 在吉林省内处于中等偏后水平，与全国其他地级城市相比，四平市的区域发展水平同样较为落后，市场化程度和经济活力显著不足，但发展机遇和发展潜力相对较好。

2. 四平市流域水环境现状及治理需求分析

1）水环境现状分析

流域水污染现状。2016～2018 年，四平市主要考核断面水质大多都为 V 类和劣 V 类，除林家断面未确定年度考核目标外，其余 3 个断面水质均未达到国家考核要求，不达标水体占比高达 75%。根据四平市流域各类污染源污染负荷入河比例分析，四平市流域水污染问题主要来自种植业、农村生活污水、城镇生活污水和畜禽养殖污染。

饮用水水源地水质现状。四平市有 7 个城市集中式饮用水水源地，2015～2019 年，其中，山门水库、梨树县蔡家地下水水源、梨树县十家堡地下水水源、伊通满族自治县城区生活饮用水水源水质较好，满足地表水Ⅲ类标准，二龙山水库、下三台水库、双辽市城区地下水水源水质不能稳定达标，不达标原因包括原生性地质影响导致总硬度、铁、锰超标及农业农村生活污染和农田施肥影响导致COD、氨氮、总氮、总磷超标等。

黑臭水体现状。四平市共有两条黑臭水体，分别是南河（蔺家河）和北河（红嘴河），黑臭长度分别为13.1 km和18 km，均为轻度黑臭，导致黑臭的主要污染指标为氨氮。污染成因包括污水直排、垃圾和底泥污染、农业面源污染等。

生态基流保障现状。四平市水资源配置方式不合理，生态用水不足。2018年，四平市总用水量较上年下降11.9%，但仍然以农业用水为主，占总用水量的64.72%，生态环境用水严重不足，仅占总用水量的4.53%。

2）水环境治理需求与治理目标

2018年4月，习近平总书记对东辽河污染问题作出重要批示，对四平市辽河流域污染治理提出了更高要求。四平市制定了辽河流域污染防治“三步走”总体战略。第一阶段，2018年，重点抓“点源治理”促执法监管；第二阶段，2019年，通过“点源面源结合”促生态修复；第三阶段，2020年至“十四五”期间，大力推进河湖连通工程建设，争创国家级生态城市，助推绿色发展。

四平市落实《吉林省辽河流域水污染综合整治联合行动方案》的实施方案明确要求，到2020年，基本消除劣Ⅴ类，四平市城市建成区消除黑臭水体，县级及以上城市集中式饮用水水源地水质达到或优于Ⅲ类，流域水环境保护水平与全面建成小康社会目标相适应。

《四平市重点流域水生态环境保护“十四五”规划》明确提出了“十四五”时期四平市水生态环境保护工作的指导思想、基本原则和主要目标，水环境方面实现环境质量持续改善，国、省控断面水质稳定达到目标要求，水功能区水质达标率达到控制指标要求，县级及以上城市集中式饮用水水源水质达到或优于Ⅲ类比例达到100%，市区城市建成区黑臭水体全面消除，力争在“人水和谐”上实现突破。

3）项目与设施建设及运维需求

为改善四平市流域水环境状况，实现第一阶段目标要求，2018～2020年，四平市谋划实施62个辽河流域水污染综合整治项目，主要包括以下几个方面：①以流域水质改善为目标的城市污水处理基础设施建设项目、乡镇污水处理设施及管网建设项目、畜禽粪污治理及资源化利用项目、生活垃圾治理项目、面源污染防治项目等；②以提升饮用水水源地水质达标状况为目标的饮用水水源地综合整治项目；③以黑臭水体消除为目标的黑臭水体治理项目；④以流域生态恢复为目标的流域生态治理和修复项目等。

“十四五”阶段，《四平市重点流域水生态环境保护“十四五”规划》确定了饮用水水源保护、污染减排、生态流量保障、水生态保护修复、水环境风险防控 5 个类别的骨干工程项目，确定规划工程项目 51 个，总投资约 41.6 亿元。

3. 四平市流域水污染治理项目建设及投融资情况

1）项目建设与运营情况

目前,《吉林省辽河流域水污染综合整治联合行动方案》确定开展的 62 个项目中，60 个已完工，2 个暂未完工。已完工的 60 个项目中，47 个项目稳定运营，13 个项目未投运或未稳定运营。未投运或未稳定运营的 13 个项目中，8 个乡镇污水处理厂项目因实际污水负荷量较小，水量波动大，运营方技术能力不足等因素导致稳定运营难度较大，4 个畜禽粪污处理项目因产品无销路、粪污转运系统不完善等原因未投运，1 个垃圾收集转运项目因运营主体变更导致稳定运营难度较大。

2）投融资情况

2018～2020 年,四平市辽河流域水污染综合整治项目预算总投资达到 55.15 亿元。其中，中央水污染防治专项资金、中西部重点领域基础设施补短板中央补助资金和中央重点流域污染治理资金等中央资金总计 4.03 亿元，占总投资的 7.3%，辽河流域水污染治理补助资金、省级重点流域（辽河）水污染治理专项资金、省级污染防治和环境整治专项资金等省级资金总计 11.85 亿元，占总投资的 21.5%，中央和省级专项资金总计 15.88 亿元，占项目总投资的 28.8%；其余部分由地方政府通过一般债券、PPP 模式、社会资本投资等方式筹集，目前已发行一般债券 9.44 亿元，2 个 PPP 项目投资 9.95 亿元，企业社会资本投入 5.56 亿，总计 24.95 亿元，占项目预算总投资的 45.2%，不足部分则由地方财政补齐。

3）政策支撑情况

2018 年，中共吉林省委办公厅、吉林省人民政府办公厅印发《吉林省辽河流域水污染综合整治联合行动方案》，方案要求创新投融资机制，解决资金短缺瓶颈问题。一是加大各级政府投入，对水环境质量明显改善、消除劣Ⅴ类水体的县（市、区），省级污染防治和环境整治专项资金予以倾斜支持。市县政府按照国家要求，对污水和垃圾处理设施建设、改造要全面实施 PPP 模式。二是推进组合开发模式。鼓励采用捆绑经营与立体开发建设模式引导社会资本进入水污染综合整治领域。公益性较强、没有直接经济收益但外部收益性较好的项目可通过与周边土地开发、供水项目、林下经济、生态农业、生态渔业、生态旅游等经营性项目捆绑实施，吸引社会资本参与。鼓励实施城乡供排水一体化、厂网一体化模式开发建设污水处理设施及配套管网。三是创新环境治理模式。鼓励以整县为单元推行合同环境服务，对生活污水处理、垃圾收运处置、畜禽养殖污染治理等进行“打包”，选择专业的环保企业投资建设及运营。鼓励推行“互联网+”模式，充分利用云计算、大数据、移动物联网等技术，对污水、垃圾处理等运营过程进行实时控制，降低社会资本运营成本的同时，提高管理效率。此外，方案还要求实施奖惩政策并加大考核力度，一是加大流域上下游生态补偿范围和力度，探索建立流域上下游横向生态补偿机制，强化各地政府治污主体责任，二是定期对各地水环境质量和水污染治理任务落实情况进行考核评估，建立定期调度和预警、约谈制度，强化过程管理。

2019 年，吉林省财政厅、省生态环境厅、省住房城乡建设厅印发《吉林省重点流域水污染治理专项资金管理办法》，规范和加强对中央和省级财政专项资金的管理和使用。该办法明确专项资金采取以奖代补方式下达，并按专项转移支付制度规定执行；明确了吉林省财政厅、省生态环境厅、省住房城乡建设厅及各市县政府的管理职责，规范了支持范围和标准。专项资金支持城镇污水处理及配套设施建设、河道清淤、生态修复、湿地建设、垃圾处理、畜禽污染治理等。专项资金重点支持 2018 年开工，2020 年底前竣工的水污染治理项目。对 2020 年底前竣工并通过综合验收的政府投资项目，按照不超过工程投资总额的 50%比例予以奖补；对 2020 年底前竣工有收益的项目鼓励采取社会第三方治理，引入社会资本进行项目建设，按照不超过项目总投资的 5%比例予以奖补。对优先通过国家和省级绩效考核的，省级给予额外奖励。专项资金采取先预拨后清算的支持方式。省财政厅根据各地工程实施方案或项目确定的年度投资预算，预拨年度专项资金，待工程竣工验收后，按照省和市县各自负担比例，据实清算。吉林省财政厅、省生态环境厅、省住房城乡建设厅组织开展专项资金绩效评价，并加强绩效评价结果应用。专项资金的使用采用了以奖代补、奖励激励、绩效评价等激励机制，推动流域水污染治理工作有序开展并取得治理成效。

2017 年，吉林省财政厅、省环境保护厅印发《吉林省水环境区域补偿实施办法（试行）》《吉林省水环境区域补偿工作方案（试行）》。2018 年，吉林省环境保护厅、省财政厅印发《吉林省辽河流域生态补偿实施细则》。2020 年，吉林省财政厅、省生态环境厅印发《吉林省水环境区域补偿办法》《吉林省水环境区域补偿实施细则》，逐步健全完善流域跨界水环境生态补偿机制，强化水环境保护责任，改善水环境质量。水环境区域补偿依据省确定的跨区域河流交界断面、地级及以上城市集中式饮用水水源地的水质目标及监测结果组织实施。按照“谁污染、谁付费，谁治理、谁受益”的原则，根据断面水环境治理达标和改善情况，实行横向资金补偿、纵向资金奖励机制，即对断面水质受上、下游影响的市县予以补偿，对水质达标的市县予以奖励。出省界、市界、县界河流考核断面监测水质连续 2 年达标或好于断面水质目标的，由省财政对断面所在市县给予奖励。地级及以上城市集中式饮用水水源地，依据吉林省生态环境厅核定的水质监测结果，连续 2 年达到水质目标的，由省财政对饮用水水源地所在地城市给予奖励。下游市县收到上游市县的补偿资金应全部用于水污染防治方面支出，不得挤占、挪用。奖励资金相关市县政府可统筹用于本地社会经济发展相关支出。

根据 2019 年度吉林省水环境区域补偿结算资金表，四平市四双大桥断面补偿省级 327 万元，林家断面补偿省级 2 万元；受偿辽源市 594 万元，最终受偿 265 万元。根据 2019 年度吉林省水环境区域补偿达标奖励预算表，四平市获得地级以上城市饮用水水源地连续 2 年达标奖励 200 万元，获得辽河流域生态补偿断面水质达标奖励 3000 万元，总计获得奖励 3200 万元。其中，辽河断面达标：四双大桥 1000 万元、林家 1000 万元、周家河口 500 万元、城子上 500 万元。

4. 四平市流域水污染治理持续运营关键制约因素分析

在区域社会经济发展方面，四平市区域经济发展在全国范围内处于落后水平，市场化程度和经济活力不足，这就决定了四平市流域水污染治理总体上仍然以政府投入为主，市场主动参与治理的动力不足。在相关责任主体划分方面，地方政府作为责任主体承担治理责任，但企业和公众作为治理主体和参与主体的责任尚未得到明确，企业和公众参与力度不足。在投融资模式选择方面，目前四平市部分治理项目已经采用市场化第三方治理模式，取得较好效果，但仍有部分项目仍然采用政府治理模式，无法保障稳定运营。在资源利益分配方面，虽然已经有第三方治理企业的参与治理，但政策激励机制显著不足，影响流域水污染治理长效稳定运营。

7.6.2　四平市流域水污染治理市场机制框架分析

1）资金筹措的支持政策

四平市积极寻求政策支持，严格按照国家和吉林省的相关政策要求来筹措和使用治理资金。一是依据《吉林省辽河流域水污染综合整治联合行动方案》，创新投融资机制，解决资金短缺瓶颈问题，同时谋划采用市场化激励模式，构建长效稳定运行机制；二是积极按照《吉林省重点流域水污染治理专项资金管理办法》申请专项资金用于流域水污染治理；三是按照《吉林省水环境区域补偿办法》《吉林省水环境区域补偿实施细则》要求，在全力改善流域水质的同时，通过上下游补偿和奖励机制获得相应的补偿和奖励资金。

2）保障项目及设施建设的投融资机制

四平市 2018～2020 年流域水污染综合整治项目采用的主要投融资模式包括专项资金模式、PPP 模式、社会资本投资模式等。其中，大多数项目以专项资金为主，2 个城市排水管网改造项目采取 PPP 模式，4 个可带来经济收益的畜禽粪污处理项目由社会资本投资。

为筹集地方治理资金，四平市发行地方政府一般债券，目前已发行一般债券 9.44 亿元，2021 年，上报并录入省财政厅 2021 年一般债券储备库项目 9 个，其中市本级项目 7 个，债券总需求 5.60 亿元，分别为四平市南北河生态修复项目、四平市城区雨污分流改造工程项目、四平市再生水回用项目、四平市南河水环境综合治理项目、四平市北河水环境综合治理项目、四平市南北河治理工程南河段治理项目和四平市南北河治理工程北河段治理项目[①]。

为引导社会资本进入水污染综合整治领域，保障污水处理厂长效稳定运行，四平市采取了捆绑经营模式，推进供排水一体化，委托中核四平水务集团有限公司（简称中核四平水务集团）负责四平市供水、输水、污水处理等涉水产业的投资、建设、运营。2019 年，四平市政府与中核四平水务集团签订了《四平市污水处理厂项目特许经营权协议》，正式将四平市污水处理厂交给中核四平水务集团运营，取得了良好的治理成效。

3）项目及设施长效运营保障机制

为整体提升四平市城镇污水治理水平，四平市已开始对 3 个县级污水处理厂进行提标改造，计划完成改造后委托中核四平水务集团实施第三方运营，提升污水处理厂专业运维水平。

针对部分乡镇污水处理厂稳定运营难度大的现状，四平市谋划以县为单位对乡镇生活污水处理厂进行“打包”，委托中核四平水务集团实施第三方运营，通过“以城带乡”的方式，保障乡镇污水处理厂的稳定运营。通过运营污水处理厂数量的增加，强化规模效应，降低社会资本方运营单个项目的风险。

针对长效管理效率不高、缺乏水环境管理和大数据分析应用的现状，四平市谋划建设辽河流域（吉林省）水环境监管项目，构建数据共享关联化、督查督办可追溯、巡查监管常态化、考核评估数字化、公众参与有渠道、预警预测可支撑的信息化平台，以满足各级流域环境、管理人员、公众三类用户的使用需求，实现河库治理的静态展现、动态管理、常态跟踪。建设内容包括水质监测系统、水文监测系统、视频监控系

① 四平市财政局. 2021. 四平市积极谋划 2021 年新增一般债券项目.

统、传输系统、太阳能供电系统、智能可视化管理平台。项目建成后可实现四平市铁东区、铁西区、梨树县、伊通县以及双辽市管辖区域内河道湖库生态环境和农村卫生情况连续、实时、全天候自动监测，及时预警和防范环境风险。

为鼓励污水处理厂保证运维水平，提升出水水质，四平市谋划提出依效付费思路，即在保证污水处理厂出水达标的前提下，出水水质每提升一个标准等级，给予相应的奖励资金，奖励资金可专项用于提升污水处理的运维管理水平。

7.6.3　完善四平市水污染治理市场机制体系的政策及措施

2019 年，经过积极治理，四平市所在的招苏台河、东辽河、西辽河、条子河四个国控地表水考核断面水环境质量变化排名全国第一，水质改善幅度达到 52.18%。2020 年，四平市地表水环境质量进一步提升，东辽河四双大桥断面水质为Ⅲ类，招苏台河六家子、条子河林家、西辽河金宝屯 3 个断面水质均为Ⅳ类，全域消除Ⅴ类水体，被国家确定为重点流域水生态环境保护“十四五”规划编制 10 个试点城市之一。

针对南河（蔺家河）和北河（红嘴河）两条城市黑臭水体，四平市政府相继制定《四平市黑臭水体整治行动方案》《南、北河黑臭水体水环境整治方案书》《四平市黑臭水体治理三年攻坚作战方案》，申报并获得全国第三批黑臭水体治理示范申报城市第一名。开展了入河排污口整治、污水处理设施及管网建设、雨污分流改造、底泥清淤疏浚、河道生态修复、恢复生态基流、建立长效管护机制等一系列措施，黑臭水体治理成效显著。2019 年第三方监测单位对南、北河黑臭水体监测结果显示，四项监测指标已达到消除黑臭水体的要求，水质明显改善，黑臭基本消除。

目前四平市流域水污染治理工作已经取得了显著成效，行百里者半九十，要确保完成“十四五”阶段的水环境保护目标，四平市仍然需要进一步完善市场机制框架体系，充分发挥市场手段在流域水污染治理过程中的作用。

1）明确主体责任

四平市流域水污染治理涉及政府、企业、公众三方面主体，地方政府应充分发挥责任主体和监管主体作用，相关政府部门应依据部门职责划分，将流域水污染治理项目列入财政支出计划并出台相应管理制度，落实环境经济政策和投融资政策，加强污染源和水质水量的监测监管，加强信息公开，鼓励企业和公众通过多种途径参与流域水污染治理；第三方污染治理企业应进一步发挥治理主体的作用，通过技术进步提升项目与设施建设及专业运维的技术水平，不断通过新型技术手段的应用提高建设及运营效率，降低建设及运营成本，提升企业的市场竞争力；其他社会资本和公众则应充分发挥参与主体的作用，充分利用政府和企业流域水污染治理相关项目和环境信息公开渠道，通过购买债券、政府和社会资本合作等方式参与流域水污染治理，同时发挥公众对流域水污染治理资金使用、治理过程及成效的监督作用，共同推动流域水环境水生态质量改善。

2）逐步完善环境经济政策

逐步建立跨省流域生态补偿机制。四平市目前已实施《吉林省水环境区域补偿办法》，实现了省内流域上下游水质补偿。四平市大部分区域属于辽河流域，且位于吉林省和辽宁省交界区域，四平市流域水环境质量的改善降低了位于下游的辽宁省的水污染治理压力，但是目前辽河流域尚未实现跨省流域生态补偿，相关省份之间关于流域水污染治理责任划分、补偿标准、补偿方式等难以达成一致，应充分借鉴已有跨省流域生态补偿研究与实践经验，在相关省级层面上，构建基于协商的、以水环境质量改善为导向的跨省流域双主体补偿方案，建立跨省水质生态补偿标准核算模型，明确资金规模，促进上下游省份落实辖区水污染防治责任制。

推动实施水污染物排污权有偿使用和交易。2014 年，《吉林省人民政府办公厅关于开展排污权有偿使用和交易试点工作的实施意见》发布，其将化学需氧量、二氧化硫作为试点指标，在全省范围内逐步开展排污权有偿使用和交易试点。但仅自行开展前期工作，未实际开展水污染物排污权有偿使用和交易。应在省级层面上，进一步推进水污染物排污权有偿使用和交易政策制定，逐步实现水污染物排污权有偿使用和交易，拓展流域水污染治理资金来源。探索推动实施点源-面源排污权交易，推进农业面源污染治理。四平市是农业大市，黑土地保护和农业面源污染治理密切相关，可逐步探索通过点源-面源排污权交易的方式，鼓励企业和第三方社会资本参与畜禽养殖粪污资源化利用等农业面源污染治理。

3）推动形成多元共治的投融资模式，进一步拓展融资渠道

四平市经济发展水平相对落后，市场经济不发达，流域水污染治理以各级政府投资为主要来源，目前采用的投融资模式包括专项资金、地方政府债券、政府和社会资本合作、捆绑运作、企业投资等模式。四平市市本级财政能力较弱，可通过积极争取国家开发银行等政策性银行贷款，补充流域水污染治理的资金缺口。或借鉴辽宁、江苏、重庆省级环保集团模式，推动形成省级环保投资平台，整合政府治理资金，采用市场化运作模式，提高治理效率。对存在阶段性区域性治理需求的区域，还可以探索采用设施及服务租赁、收集外运等模式，以降低治理成本，提高治理效率。

4）构建长效稳定运营机制

明确将污水处理费用作区域污水处理设施的运营经费，列入地方财政支出计划，

不足部分由政府财政进行兜底补贴，保障城镇污水处理厂的运营费用。

进一步推广城镇生活污水处理第三方运营模式。四平市目前仍有部分城市污水处理厂和新建乡镇污水处理设施由政府部门负责运营，稳定达标压力较大，应尽快推进城镇污水处理厂第三方运营，实现专业运维，确保达标排放。

推动建立农村生活污水处理“以城带乡”模式。四平市农村生活污水处理尚未大规模开展，借鉴其他地区分散式污水处理的设施早期建设及运行效果不佳的教训，在推进农村生活污水治理的过程中，应结合第三方运营公司在城镇集中式污水治理技术及运维技术相对成熟的已有条件，将城镇污水处理厂的运营团队和专业能力进一步辐射至农村污水处理站的运营模式，保证新建农村污水处理设施稳定运行。

逐步建立污水处理依效付费机制。苏南地区农村生活污水处理普遍采用依效付费模式，针对由第三方运营单位负责运行的设施，政府依据考核标准对污水处理设施的处理效果进行定期检查，并将考核结果作为污水处理费支付依据，根据效果支付第三方企业运维费用。四平市正在推进城镇污水处理厂第三方运营，应尽快建立考核标准，完善依效付费机制，确保污水处理厂达标排放。同时，针对部分污水处理厂对所在流域断面水质有显著影响的，第三方在保证达标排放的基础上，如果能进一步提升出水水质，改善所属断面水质状况的，应建立相应奖励机制，鼓励第三方提高运维管理水平，提升出水水质。

7.7　典型流域水污染治理市场机制应用的经验借鉴

本章以太湖流域、京津冀地区、长江流域、浙闽片区等典型流域水污染治理设施建设与运行的文献和实地调研为基础,分析流域水污染治理持续运营的关键制约因素,梳理总结流域水污染治理典型投融资机制、长效运营机制及其适用条件，探讨应用市场机制保障流域水污染治理设施与项目长效稳定运行的可行模式与途径，为流域水污染治理长效稳定运营提供参考借鉴。实地调研地点涵盖太湖流域、巢湖流域、京津冀区域、辽河流域、黄河流域、淮河流域、长江流域、珠江流域及东南沿海的浙闽片河流所在区域，涉及 13 个省级行政区、23 个地市级行政区，覆盖我国东部地区和中西部地区、南方地区和北方地区、经济发达地区和欠发达地区，各地在推进流域水污染治理过程中，均先后面临着治理资金不足、缺乏专业运维、监管能力不足、治理效率较低等问题，问题背后所反映出来的则是区域经济发展不足，技术模式不适用，政府、企业、公众权责划分不清晰，投融资机制不明确，资源利用分配机制不合理等制约因素，针对这些关键因素，不同类型的流域根据地域特点分别采用了不同的政府和市场治理的投融资政策及模式组合，推动地方流域水污染治理持续稳定运营。

太湖流域社会经济发展水平较高，市场经济发达，民营资本较为活跃，市场机制的应用在拓展治理资金来源、实现投资-建设-运营-管理一体化、提高治理效率、降低治理成本等方面均发挥了重要作用。以江苏省为例，江苏省结合水专项课题研究试点经验和水污染治理实践，逐步完善环境经济政策和投融资政策，构建形成完整的投融资体系和长效运营机制。一是充分发挥政府专项资金的治理作用，在实践中，不断改进专项资金的管理模式和使用方向，努力提高投资效益。二是充分发挥市场机制作用，运用污水处理收费、排污权有偿使用和交易、流域生态补偿、区域水环境补偿等模式，多渠道筹集政府治理资金。三是积极引入社会资本，大力开展政府和社会资本合作，常熟市区域一体化 PPP 模式、丹阳市 EPC+O 模式、江苏省环保集团模式均实现了投建运管一体化长效运营，为东部经济较为发达地区开展流域治理提供了良好的模式借鉴。四是针对已建成设施构建形成长效运营机制，通过财政列支等模式保障运营经费，通过依效付费、督查考核等模式保障治理效果，通过“互联网+”运维及监管提高运营和监管效率。

浙江省所在区域分属太湖流域和浙闽片河流，区域经济发展水平较高，市场经济发达，排污权有偿使用和交易、排污权质押贷款、跨省流域生态补偿等环境经济政策都取得了明显成效。在利用投融资机制开展资金筹措方面，政府投资更多起到引领带动作用，社会资本通过 PPP 模式、政策性银行贷款模式、地方债券模式以及社会捐资模式等进入流域水污染治理领域，减轻了地方政府的资金压力。其中不仅有政府的参与，也有企业和国内外金融机构的参与，社会各界还可以通过购买“五水共治”债券、社会捐资等形式参与进来，真正实现全民参与“五水共治”，形成治水合力。浙江省通过征收污水处理费+财政补贴保障污水治理运营费用，通过第三方运营保障设施专业运维管理，通过完善考核机制、加强水质监测、建立智能化监管平台等强化监管，确保污水处理设施正常运行，最终实现污水治理的长效稳定运营，总体上保障了流域水污染治理成效。

京津冀地区是中国北方经济规模最大、最具活力的地区，北京作为京津冀地区的核心，其以政府投资为主的流域水污染治理模式对推动京津冀地区协同治理具有重要的指导意义。在完善污水处理价格机制方面，《北京市进一步加快推进城乡水环境治理工作三年行动方案（2019 年 7 月—2022 年 6 月）》提出，要适时调整污水处理费收费标准，原则上应当覆盖污水处理和污泥处置成本并合理盈利。建立农村污水处理费收费标准，开展收费试点，逐步扩大收费范围。在利用环境经济政策推动流域断面水质改善方面，水环境区域补偿政策除了引导各区加大流域治理力度，还推动了跨乡镇河道断面考核制度的实施，将乡镇保护水质的责任落到实处。在完善投融资政策方面，北京市自 2013 年以来，连续发布水污染治理三年行动方案，分阶段明确重点工作任务及投资和运营管理支持政策。在投融资模式确定方面，借鉴早期治理过程中的经验和教训，北京市门头沟区站网共建的 PPP 模式从根本上保证了污水全收集、全处理，PPP 模式的应用可以有效缓解地方政府短期财政压力并保证设施及管网的专业运维管理，总体上提高治理效率，降低投资成本。黑臭水体临时污水处理设施及服务租赁模式采用一体化处理设施，出租方同时进行设施和运营服务租赁，保证设施的专业运维和达标运行；设备和服务租赁费用采用分期支付的方式，减轻了政府的财政压力；租赁期满后，设备由出租方自行转移并再度利用，提高了设备利用效率。在长效稳定运营方面，EPC+O 模式和 PPP 模式都同时实现了流域水污染治理的投资、建设、运营一体化，“互联网+”智慧监管系统提高了运营和监管效率，连片打捆的“1+N+X”集约化管理模式，实现了人力资源、技术资源和物质资源的共享。

福建省与浙江省同属浙闽片河流区域，重庆市与北京市同为直辖市，政府投入力量相对较大。总体来看，太湖流域及东南沿海区域市场经济较为发达，各类环境经济政策均有较强的作用空间，在规范企业和公众环境经济行为的同时，也可以明显增加地方政府治理资金的来源。而中西部市场经济欠发达地区则更偏向政府治理，环境经济政策的作用主要在于规范企业和公众行为，在资金筹措方面目前的作用相对较小。在存在跨界水污染问题的区域，可推动建立基于水质考核的跨界断面水质补偿政策，通过经济激励手段激发流域上下游治理水污染的动力；在投融资政策及机制完善方面，符合地方政府债券及政策性银行贷款发放条件的地区，均可以积极争取发行债券或银行贷款来增加地方治理资金来源；有条件开展投资建设运营一体化的区域，政府及社会资本合作模式可发挥重要作用，在利用市场机制增加治理资金来源的同时，不同区域可分别采取 PPP 模式，EPC+O 模式、省级环保集团模式等实现投资-建设-运营-管理一体化，推动流域水污染治理长效稳定运营。在已完成设施建设但运行效果不理想的区域，则可以重点考虑采取第三方运营的方式。在存在治理需求，但地方经济发展相对薄弱，暂无条件考虑长效运营机制的地区，则主要利用政府专项资金，采用 EPC 或政府购买服务分期付款的模式保障工程及设施建设质量。在规划开展治理的区域，则应充分考虑区域的区位条件，经济发展水平，流域治理的关键制约因素及治理需求，借鉴典型地区经验，形成适合当地特点的流域水污染治理投融资政策及机制建议，充分发挥市场机制的作用，增加治理资金的同时，提高治理效率，降低治理成本。

参 考 文 献

安国俊. 2016. 绿色债券的国际经验及中国实践. 债券，（7）：18-24.
安国俊. 2017. 我国绿色基金发展前景广阔. 银行家，（8）：72-74.
别平凡，郝春旭，葛察忠. 2018. 新时代水污染治理的环境经济政策研究. 世界环境，（2）：54-59.
曹艳. 2010. 创新金融产品推进排污权交易——嘉兴市排污权抵押贷款制度透视. 科技创新导报，（36）：206.
陈磊. 2010. 世行贷款与财政预算投资项目管理的比较研究. 合肥：合肥工业大学.
陈微. 2014. 国外流域生态补偿的法律实践及启示//中国环境资源法学研究会. 生态文明法治建设——2014 年全国环境资源法学研讨会（年会）论文集（第二册）. 广州：中国环境资源法学研究会：38-41.
陈维灯. 2021. 重庆 19 条次级河流建立流域横向生态补偿机制. 重庆日报，2021-03-03（9）.
陈雯. 2016. 我国环境保护投融资问题与机制创新研究. 长春大学学报，26（1）：11-15.
陈雪萍. 2006. 环境保护信托——环保资本运营的新亮点. 当代法学，20（2）：16-22.
重庆市环境保护局计划财务处. 2017. 搭平台、建基金、推政策——重庆全方位深化环保领域投融资体制改革. 环境保护，（5）：81-82.
邓志娟. 2008. 城市污水处理设施市场化运营模式研究——以无锡市惠山区为例. 上海：同济大学.
董成惠. 2016. 共享经济：理论与现实. 广东财经大学学报，（5）：4-15.
高鸿业. 2007. 西方经济学（微观部分）. 4 版. 北京：中国人民大学出版社.
何君林，刘忠友，王斌越. 2019. 重庆市万盛经济技术开发区：农村人居环境绘制一幅新画卷. 重庆科技报，2019-03-26（9）.
胡苏萍，赵亦恺. 2019. 生态系统服务付费及其典型案例//中国海洋工程学会.第十九届中国海洋（岸）工程学术讨论会论文集. 北京：海洋出版社：967-971.
环境保护部环境监察局. 2009. 中国排污收费制度 30 年回顾及经验启示. 环境保护，（20）：13-16.
贾小梅，于奇，王文懿，等. 2020. 关于“十四五”农村生活污水治理的思考. 农业资源与环境学报，37（5）：623-626.
蒋先玲，张庆波. 2017. 发达国家绿色金融理论与实践综述. 中国人口·资源与环境，27（S1）：323-326.
金书秦，宋国君. 2006. 论我国的排污收费制度. http://www.paper.edu.cn/releasepaper/content/200601-63[2018-07-19].
靳乐山，李小云，左停. 2007. 生态环境服务付费的国际经验及其对中国的启示. 生态经济，（12）：156-158，163.
李克国. 2014. 环境经济学. 3 版. 北京：中国环境出版社.
李瑞玲，高嵩，任伟，等. 2016. 融资租赁在环保领域的应用分析. 环境保护，44（15）：52-55.
李希涓. 2007. 北京市污水处理企业投融资问题研究. 北京：中国地质大学（北京）.
李小平，程曦，靳立明. 2006. 美国水质交易政策及其对上海的启示. 环境污染与防治，28（12）：925-929，949.

李新明. 2001. 对当前我国政策性银行贷款质量的研究. 武汉金融高等专科学校学报，（5）：30-32.
李永芳. 2017. 国内外绿色债券发展现状. 现代经济信息，（1）：308.
李云生，吴悦颖，叶维丽，等. 2009. 我国水污染物排放权有偿使用和交易政策框架. 环境经济，（4）：24-28.
刘辉. 1999. 市场失灵理论及其发展. 当代经济研究，（8）：39-43.
刘倩. 2016. 共享经济的经济学意义及其应用探讨. 理论参考，（9）：150-152.
刘晓凯，张明. 2015. 全球视角下的PPP：内涵、模式、实践与问题. 国际经济评论，（4）：53-67，5.
刘奕，夏杰长. 2016. 共享经济理论与政策研究动态. 经济学动态，（4）：116-125.
卢东，刘懿德，Ivan K，等. 2018. 分享经济下的协同消费：占有还是使用？. 外国经济与管理，40（8）：125-140.
卢现祥. 2016. 共享经济：交易成本最小化、制度变革与制度供给. 社会科学战线，（9）：51-61.
倪云华，虞仲轶. 2016. 共享经济大趋势. 北京：机械工业出版社.
庞德良，刘琨. 2015. 加拿大PPP模式应用特点及借鉴价值. 社会科学辑刊，（3）：171-181.
单科举. 2018. 我国绿色发展基金运作情况探析. 金融理论与实践，（11）：93-96.
佘渝娟，叶晓甦. 2010. PFI与PPP项目融资模式比较研究. 商业时代，（24）：55-56.
沈满洪. 2000. 论环境问题的制度根源. 浙江大学学报（人文社会科学版），（3）：57-65.
苏明，傅志华，石英华，等. 2014. 水环境保护投融资政策与示范研究. 北京：中国环境出版社.
孙迪. 2019. 服务美丽乡村建设，改善农村水务环境. 北京水务，（1）：32-35.
王宝敏. 2020. 江苏环境污染责任保险的实践与经验. 金融纵横，（1）：30-34.
王金南，张炳，吴悦颖，等. 2014. 中国排污权有偿使用和交易：实践与展望. 环境保护，42（14）：22-25.
王秋阳. 2020. 我国地方政府债券发行制度研究. 时代金融，（24）：132-133.
王艳伟，王松江，潘发余. 2009. BOT-TOT-PPP项目综合集成融资模式研究. 科技与管理，11（1）：44-49.
王卓然. 2010. 北京市污水处理设施投融资模式研究. 北京：北京工商大学.
吴奇. 2020. 地方政府债券市场的完善路径研究. 今日财富，（20）：162-163.
吴文华. 2018. 我国排污权有偿使用和交易工作推进现状. 环境与发展，30（1）：221-223，225.
吴玺. 2016.行走于“环保领域”的融资模式——信托. https://huanbao.bjx.com.cn/news/20160927/776089-3.shtml[2021-02-27].
夏秀渊. 2014. 排污权交易在我国的困境及对国际的借鉴. 上海企业，（8）：65-68.
夏芸. 2020. 关于环保企业PPP项目风险应对的探讨. 中国市场，（1）：63-64.
邢成，王楠. 2018. 绿色金融背景下的绿色信托发展思路. 当代金融家，（10）：87-89.
徐广军，孟倩，葛察忠，等. 2011. 探索我国环保产业融资新模式——“绿色信托”. 环境保护，（18）：36-39.
燕洪国. 2013. 环境税理论与实践：国内外研究文献综述. 财政经济评论，（2）：22-37.
闫威，姚鹏. 2015. 污水处理设施投融资的市场化路径研究. 天津经济，（1）：35-39.
杨琦佳，龙凤，高树婷，等. 2018. 关于推进我国环境保护市场机制的思考. 环境保护，（7）：49-51.
杨颖. 2011. 公共服务的概念、分类及供给主体创新研究//中国科学学与科技政策研究会.第七届中国科技政策与管理学术年会论文集. 南京：中国科学学与科技政策研究会：1-15.
游春. 2009. 绿色保险制度建设的国际经验及启示. 海南金融，（3）：66-70.
袁彦娟，程肖宁. 2019. 我国地方政府专项债券发展现状、问题及建议. 华北金融，（11）：41-45.
张斌. 2016. 双边市场理论综述. 商，（1）：121-122.
张惠远，刘桂环. 2009. 流域生态补偿与污染赔偿机制. 世界环境，（2）：34-35.
张剑文. 2016. 传统村落保护与旅游开发的PPP模式研究. 小城镇建设，（7）：48-53.
张平淡，张夏羿. 2017. 我国绿色信贷政策体系的构建与发展. 环境保护，45（19）：7-10.

张序. 2015. 公共服务供给的理论基础：体系梳理与框架构建. 四川大学学报（哲学社会科学版），（4）：135-140.

张轶. 2014. 我国城市污水处理厂投融资模式分析. 经济视角（上旬版），（5）：56-58.

赵宝庆. 2016. 水污染防治项目 PPP 模式研究. 济南：山东财经大学.

赵子健，顾缵琪，顾海英. 2016. 中国排放权交易的机制选择与制约因素. 上海交通大学学报（哲学社会科学版），（1）：50-59.

郑联盛. 2017. 共享经济：本质、机制、模式与风险. 国际经济评论，（6）：45-69，5.

中国环境与发展国际合作委员会. 2006. 第六期：生态补偿机制与政策研究. 国合会专题政策报告 http://www.cciced.net/zcyj/yjbg/zcyjbg/2006/201607/t20160708_69396.html[2022-04-11].

周映华. 2008. 流域生态补偿及其模式初探. 水利发展研究，（3）：11-16.

朱玫. 2018. 与改革同行的太湖治水史. 环境经济，（22）：16-19.

邹晓元. 2009. OECD 国家经验对我国排污收费制度的启示. 中国环保产业，（4）：58-61.

Fang F, William E K, Brezonik P L. 2005. Point nonpoint source water quality trading: a case study in the Minnesota River Basin. Journal of the American Water Resources Association, (6): 645-658.